未来是湿的

与最聪明的人共同进化

CHEERS

HERE COMES EVERYBODY

如何让孩子自觉又主动

THE YES BRAIN

[美] 丹尼尔·西格尔
Daniel J. Siegel
蒂娜·佩恩·布赖森
Tina Payne Bryson 著

黄珏苹 译

How to cultivate courage,
curiosity and resilience in your child

浙江教育出版社·杭州

测一测　你会培养孩子的开放式大脑吗？

- 心理学家卡罗尔·德韦克提出了"目前还"概念，就是当孩子说"我做不到"或"我没准备好"时，让他们在"我"后面加上"目前还"。这对孩子有帮助吗？

  A. 有

  B. 无

扫码激活这本书
获取你的专属福利

- 你告诉3岁的孩子，他不能再看电视了，因为他已经把当天的时间配额看完了。孩子很生气，开始大发脾气。这时你怎样做才能更有效？

  A. 大声呵斥孩子，让他马上停止发脾气

  B. 不断重复原因，直到孩子接受为止

  C. 任由他发脾气，当没听见一样

  D. 耐心交流，让孩子描述情绪，告诉他自己会陪伴他

扫码获取完整题目及答案，
一起了解开放式大脑的秘密

- 几家人一起在公园玩，你3岁的孩子不愿意和其他孩子坐在一起吃午饭。这时你如何做更有效？

  A. 跟孩子说社交的重要性

  B. 跟孩子说分享是一种美德

  C. 坐在旁边陪着他，直到他愿意加入其他人

  D. 强迫孩子加入集体

扫描左侧二维码查看本书更多测试题

Daniel J. Siegel

融合心理学、脑科学与网络科学的先锋
丹尼尔·西格尔

他，创造了一个概念； 他，创立了一个学科；
他，信奉"整合是王道"； 他，以传播科学教养观为己任。

备受谷歌、微软推崇的人际神经生物学创立者

丹尼尔·西格尔毕业于哈佛大学医学院，是加州大学洛杉矶分校精神病学临床教授。他历时25年，通过对数千个案例的研究，创立了一门新的学科——人际神经生物学（Interpersonal Neurobiology），这门学科的研究重点是人际关系与大脑的密切关系。

西格尔不仅是一位专业的学者，也是一位多产的作家，更是一位备受赞誉的教育家。他在人际神经生物学领域出版了多本专著，还受邀四处演讲。他的研究成果被美国司法部、微软和谷歌等世界各地的机构和企业所采用。近年来，西格尔也将自己最新的研究理念传播给普罗大众，他的畅销书《第七感》向读者展现了经过整合的大脑的强大力量。他还将"整合"概念引入教养领域，其著作《由内而外的教养》和《全脑教养法》使更多父母认识到"整合的大脑"在教养中的积极作用。

丹尼尔·西格尔（Daniel J.Siegel）对话婚姻专家约翰·戈特曼（John Gottman）和朱莉·戈特曼（Julie Gottman）（从左至右）

"情商之父"给予盛赞的脑科学家

西格尔是正念觉知研究中心（Mindful Awareness Research Center）联席主任，也是第七感①研究所（Mindsight Institute）创始人。第七感研究所是一个教育组织，它提供在线教育课程，帮助个人、家庭和组织通过评估人际关系来提升第七感。

第七感是发展情商的最基本技巧，它分为洞察（insight）、共情（empathy）、整合（integration）三个部分。第七感能让我们看到和分享自己内在的心理能量和信息流动，也有助于我们感知自己的思想、情绪和记忆，并帮助我们产生强大的心理力量来改变这种流动，从而摆脱根深蒂固的行为以及习惯性的反应，远离可能会导致自己陷入其中的消极情绪循环。形成第七感的过程就叫"整合"。

西格尔独创的里程碑式概念"第七感"备受"情商之父"丹尼尔·戈尔曼（Daniel Goleman）推崇。戈尔曼不但将第七感理论誉为"情商与社交商的基础"，还赋予了它更高的地位："第七感堪与弗洛伊德的潜意识理论、达尔文的进化论齐名；在身、心与大脑整合方面，西格尔成果卓著，无人能出其右。"

---

① "第七感"是丹尼尔·西格尔自创的概念，它是指对自己和他人心智的感知和理解。——编者注

帮助父母实现圆满自我的"全脑教养专家"

家庭教育是西格尔的理论得以完美应用的一个重要领域。西格尔认为,想做好父母,必须先认识自己,认识到自己生命和生活的意义,深入了解自己的经历,尤其是童年时与养育者之间的互动,才能让孩子产生安全的依恋关系,这就是"由内而外的教养",这个观点也贯穿于他所写的每一本与教养有关的书中。

西格尔基于对大脑结构及其运作机制的研究,提出了实用性极强的"全脑教养法"——针对各年龄段孩子提出全脑教养实践指南,以帮助父母破解种种育儿难题。其中他讲第七感所涉及的整合理念运用到了解和帮助青少年成长的教育实践中,非常值得家有青少年的父母借鉴和学习。

> "父母就是塑造孩子大脑的雕塑师,
> 你对孩子的所有陪伴
> 无时无刻不在改变着他的大脑。"

TINA PAYNE BRYSON

蒂娜·佩恩·布赖森

- 南加州大学博士
- 儿童与青少年心理治疗师
- 第七感研究所主任
- 执业临床社会工作者

蒂娜·佩恩·布赖森毕业于南加州大学，是儿童与青少年心理治疗师、执业临床社会工作者，致力于儿童教育及发展事业。她为来自世界各地的家长、教育工作者、治疗师开展讲座和指导活动，拥有丰富的儿童心理治疗及家长咨询经验。

布赖森博士非常擅长将她在育儿理论方面的专业知识与实际的养育场景联系起来，然后以清晰、幽默且有效的方式展现给父母。

正如她所说："对于父母、临床医生和教育工作者来说，了解一点关于大脑工作方式的知识有着神奇的作用。它不仅能帮助你引导孩子遵守纪律、正确应对困难，更能与孩子建立健康和谐的关系。"

作者相关演讲洽谈，请联系
BD@cheerspublishing.com

更多相关资讯，请关注

湛庐文化微信订阅号

湛庐 CHEERS 特别制作

西格尔全脑教养系列

THE YES BRAIN

前言

开放式大脑

我不畏惧暴风雨，因为我在学习如何驾驶航船。

——路易莎·梅·奥尔科特，
《小妇人》

"我对孩子的期许有很多：快乐、内心强大、学习好、善于社交、自信等。我都不知道从哪儿入手好了。为了让他们的生活快乐又有意义，什么特质是最重要的呢？"

无论到什么地方，我们总遇到父母们以各种方式提出这个问题。父母想帮助孩子成为面对挑战时能把握自己并做出明智决定的人。他们希望孩子既主动关心他人，又能维护自己的权益；既独立，又能享受互利的人际关系。他们希望孩子在遭遇逆境时不会一蹶不振。

THE YES BRAIN
如何让孩子自觉又主动

哎哟，父母们想要的好多！这让父母或教育者压力好大。那么父母的注意力应该集中在什么地方呢？

您手里的这本书就是我们对这个问题的回答。我们的核心观点是父母可以帮助孩子塑造和发展"开放式大脑"[①]，从而拥有其四项关键特质。

1. 平衡力：管理情绪和行为的能力，让孩子不容易失去理智。
2. 复原力：当生活中出现不可避免的问题和挑战时，重新振作的能力。
3. 洞察力：能够审视和了解自己，并基于自己的见解做出明智决定，更好地掌控自己的生活。
4. 共情力：能够理解他人的观点，关心他人，并在适当的时候采取行动，改善状况。

本书中，我们会介绍开放式大脑，以及帮助孩子培养四项特质、教会他们重要生活技能的方法。你可以帮助孩子变得情绪稳定，主动表达；不惧困难，主动尝试；了解自己，主动学习；善解人意，主动沟通。

我们非常渴望与您分享科学的方法。和我们一起享受认识和塑造开放式大脑的旅程吧！

[①] "开放式大脑"是丹尼尔·西格尔提出的一种关于大脑状态描述的概念，指一种大脑神经回路激活状态。在该状态下，人更有开放性、接纳性、平衡力、复原力、洞察力和共情力。——编者注

THE YES BRAIN

目录

第 1 章
什么是开放式大脑 - 001

- 开放并不是纵容 - 009
- 可塑性给大脑无限可能 - 013
- 开放式大脑的四大特质 - 019

第 2 章
平衡力：掌控情绪和行为 - 027

- 平衡是一种可学会的能力 - 032
- 平衡与绿色区 - 035
- 测一测孩子的平衡力 - 042
- 亲子关系中的平衡 - 046
- 联结与区分的平衡点 - 049
- 平衡的日程，平衡的大脑 - 057
- 自由玩耍发展平衡力 - 058
- 测一测孩子日程的平衡度 - 062

你能做什么：用开放式大脑策略促进平衡力 - 064

亲子互动 教给孩子平衡力 - 072

父母成长 如何提升自己的平衡力 - 075

第 3 章
复原力：热爱挑战，百折不挠 - 079

培养能力，而不是消除行为 - 082

扩展绿色区 - 087

推一把，拉一把 - 092

你能做什么：提升复原力的开放式大脑策略 - 098

亲子互动 教给孩子复原力 - 106

父母成长 提升自己的复原力 - 109

第 4 章
洞察力：了解自己，建立自信 - 111

构建有洞察力的大脑 - 115

球员与观众：观察者的体验 - 117

暂停的力量 - 122

把暂停的威力教给孩子 - 125

你能做什么：提升洞察力的开放式大脑策略 - 129

亲子互动 教给孩子洞察力 - 137

目录

| 父母成长　提升自己的洞察力 - 139

第 5 章
共情力：善于沟通，丰富人际交往 - 143

孩子太自私了吗 - 147

五维共情力 - 152

提升共情力 - 153

共情的科学 - 158

你能做什么：提升共情力的开放式大脑策略 - 161

亲子互动　把共情教给你的孩子 - 170

父母成长　如何提升自己的共情力 - 172

结　语　/　开放式大脑，开放式的成功 - 175
附　录　/　开放式大脑知识要点 - 192
致　谢　/ - 195
译者后记　/ - 201

第 1 章

THE YES BRAIN

什么是开放式大脑

第 1 章
什么是开放式大脑

这是一本帮助孩子主动对世界说"是"的书。它鼓励孩子们自觉主动地拥抱新挑战、新机会,拥抱现在的自己和未来他们可能成为的人。这也是一本帮父母和孩子塑造开放式大脑的书。

如果你去现场听过丹尼尔·西格尔的演讲,那可能已参与过一种现场互动练习。在练习中,西格尔要求观众闭上眼睛,他会反复说某个词,让观众留心自己在听的过程中的身体和情绪反应。一开始他有点儿严厉地说"不",说7遍,然后再用温柔的语气说7遍"是"。之后,他让观众睁开眼睛,描述他们的感受。观众们说,在反复听到"不"的时候,他们觉得压抑、心烦意乱、紧张、抗拒;而在丹尼尔反复说"是的"时,他们感到开放、平静、放松、愉快。观众们的面部和声带的肌肉放松下来,呼吸和心率趋于正常。他们变得更开放,而不是拘束、没有安全感或处于抗拒状态。现在你可以闭上眼睛,自己试一试这个练习,或者找一个亲友来帮忙。细心体会在反复听到"不"和"是"时,你的身体分别有什么感觉。

通过两种不同的感觉和状态,你应该对我们所说的开放式大脑和与其相反的防御式大脑有了一点体会。如果将其扩展为对生活的整体态度,那么防御式大脑会让你和别人对着干,使你不能认真倾听,从而不能做出明智决定;还让你不能与他人建立感情,因而无法主动关心他人。如果你只关注生存和自我防御，那么在与世界互动和获得新认知方面，你将是封闭的，会表现出抗拒。你的神经系统会更容易启动"战斗、逃跑、僵住或晕倒"反应。战斗指攻击状态，逃跑指逃避，僵住指暂时不能动，晕倒指崩溃及感到无助。威胁有可能引发这四种反应中的任何一种，阻止你开放及主动，阻止你和他人交往，使你缺乏灵活性。这就是防御式大脑的状态。

而开放式大脑源自大脑中一种特别的神经回路，当这个回路被激活时，引发的态度是接纳，而不是防御。科学家把这个神经回路称为"社会参与系统"（social engagement system），这个系统有助于我们主动与他人，甚至与我们自己的内在体验进行交往。如果我们具有接纳性，社会参与系统活跃，在应对挑战时，我们会更强大、更清醒、更灵活。处于开放式大脑的状态时，我们会感到平静、和谐，这使我们的大脑能更轻松地吸收、同化新信息。

我们希望孩子拥有开放式大脑，这样他们就不会把障碍和新体验看成是天大的困难，而会认为它们只不过是可以克服并从中学习的挑战。拥有开放式大脑的孩子会更灵活，能够接受互相妥协的解决方法，愿意冒险并主动探索。他们更好奇，更有想象力，不会过度担心犯错。他们一般不会刻板和固执，会拥有更好的人际关系，在面对逆境时更能适应，更有复原力。他们更了解自己，更自觉，就像具有清晰的内在指南针，指引着他们的决定，也指引着他们如何待人处世。拥有开放式大脑的孩子平静自若，以开放的态度面对世界，欢迎生活中的所有际遇，哪怕是不顺心的（见图1-1）。

第 1 章
什么是开放式大脑

图 1-1 开放式大脑状态

我们的开篇信息令人激动：你有能力培养孩子的灵活性、接纳性和复原力，让孩子变得自觉又主动。这就是我们说的心理力量。你不需要带他们参加关于坚忍和好奇心的讲座，也不需要进行大眼瞪小眼、语重心长的谈话。你和孩子的日常互动就是你需要做的全部。只要牢记我们将告诉你的开放式大脑的原则和要义，你就可以利用和孩子共处的时间，影响他们对情境做出反应的方式，以及和他人互动的方式。比如，送孩子去学校，一起吃晚饭，一起玩耍，甚至和他们争论。

这是因为开放式大脑不只是一种面对世界的心态或方法。它还可以给予孩子一个内在的向导，帮助他们有安全感地、充满热情地主动迎接生活的挑战。在这个基础上，孩子们会由内而外地强大。开放式大脑也是一种神经状态，当大脑以特定的方式被激活时，就会出现这种状态。通过了解一些大脑发育的基本细节，你可以创造一种环境，提供塑造开放式大脑的机会。

开放式大脑是神经活动的结果，涉及大脑的前额皮质。这个脑区将很多其他脑区连接起来，它负责高级思维，好奇心、复原力、同情心、洞察力、开放度和问题解决能力，甚至道德感都要依赖这个脑区。在成长过程中，孩子们可以更多地关注这个脑区的功能。你也可以教孩子们如何发展这个重要的脑区。从而让他们能更好地控制自己的情绪和身体，更好地倾听自己的内心，让自己得到更充分的发展。这就是我们所说的开放式大脑：一种神经状态，有助于我们活得更开放、真实，更有复原力和共情力。

而防御式大脑和前额叶的关系不大，它主要源自整合性差的大脑状

第 1 章
什么是开放式大脑

态,与较低层、较原始的脑区活动有关。防御式大脑状态是我们面对威胁的反应方式,也是我们为即将来临的攻击做准备的方式。因此它是对抗性的,担心犯错,担心好奇心会制造麻烦。这种状态也会引起攻击反应,因为它会抗拒新知识,抗拒他人的建议和观点。攻击和拒绝是防御式大脑应对世界的两种方式。在防御式大脑看来,这是个难以应对的世界,充满了焦虑、竞争和威胁。所以,防御式大脑会使我们既无法应对困难,也无法清楚地认识自己和他人。

具有防御式大脑的孩子会受制于环境和他们自己的情绪。他们容易陷入自己的情绪中难以自拔,抱怨现实,而不是以健康的方式来应对。他们害怕新事物,极其担心犯错,而不是本着开放和好奇精神来做决定。处于防御式大脑的状态时,通常顽固会占支配地位。

这听起来像不像你家孩子的情况?无论是孩子还是成年人,都会有陷入防御式大脑状态的时候。偶尔变得刻板和冲动是我们无法避免的事情,不过我们可以了解防御式大脑状态,然后学习如何帮助孩子更快地恢复开放式大脑状态。而且,我们可以给孩子提供工具,让他们能自己恢复。和大龄孩子、成年人相比,年幼的孩子更容易陷入防御式大脑状态。对 3 岁左右的孩子来说,无时不在的防御式大脑状态是他们的典型状态,也符合他们所处的发展阶段(见图 1-2)。比如,口琴湿了会让孩子愤怒地大喊大叫,尽管是他们自己把口琴扔进了装满水的洗手池。然而随着孩子的成长,我们可以帮助孩子培养自我调控能力和应对困境的复原力,让他们能够理解自己的感受,体谅他人。渐渐地,防御式大脑状态会变成开放式大脑状态。

图 1-2 防御式大脑状态

第 1 章
什么是开放式大脑

现在想一想以下问题：

如果你的孩子用开放式大脑，而不是防御式大脑，回应日常生活中的这些情况，比如和兄弟姐妹的冲突、被要求关闭电子产品、被要求听父母的话、家庭作业中的困难、不想上床睡觉等，你家的生活会发生怎样的变化？

如果孩子不那么任性、固执，在事情不如意时能自觉地控制自己，情况会有什么不同？

如果孩子主动尝试新体验，而不是害怕它们，那会怎样？

如果孩子对自己的情绪有更清楚的了解，更关心他人，更能共情，那会怎样？

孩子会有多快乐？整个家会更快乐、更温馨吗？

这就是本书的目标：通过为孩子们提供空间、机会和工具，培养他们的开放式大脑，使他们能自觉又主动地投入生活，真诚、充分地做自己。这也是我们帮助孩子们发展心理力量和复原力的方法。

> 如果你的孩子们用开放式大脑，而不是防御式大脑回应日常生活中的情况，你家的生活会发生怎样的变化？

开放并不是纵容

在正式介绍开放式大脑之前，让我们先明确一下，开放式大脑不是什么。开放式大脑不是总对孩子说"是"，不是纵容或无止境让步，不

THE YES BRAIN
如何让孩子自觉又主动

是避免他们失望或替他们解决麻烦，也不是培养一个顺从的、只会机械地听父母的话、没有独立思考的孩子。相反，开放式大脑是帮助孩子意识到他们是谁，他们会成为谁，意识到他们有能力克服失望和挫败，从而自觉地选择富有联结和意义的生活。第 2 章和第 3 章会专门探讨，让孩子明白失败和挫折是人生不可避免的一部分是很重要的，在孩子吸取教训的同时要给予他们支持。

开放式大脑不能让人永远快乐，永远不会遇到问题，或者永远没有消极情绪——这根本不是我们要表达的意思。这不是人生的目标，也不可能实现。开放式大脑不会让孩子变得完美，但能让他们在逆境中也能找到快乐和意义。开放式大脑能使孩子感到踏实，更好地认识自己，灵活地学习并适应，带着目标感生活。开放式大脑不仅能使孩子在艰难困苦中生存下来，而且能使他们变得更坚强、更有智慧。开放式大脑还能使孩子和自己、他人、世界建立良好的关系。这就是既知道自己是谁，又主动且有广泛联结的生活。

> 开放式大脑不是总对孩子说"是"，不是放纵或让步，不是避免他们失望或替他们解决麻烦。相反，开放式大脑是帮助孩子意识到他们是谁，他们会成为谁，意识到他们有能力克服失望和挫败，从而自觉选择富有联结和意义的生活。

当孩子在儿童期和青少年期发展沉着冷静的能力时，也就是学习从防御式大脑状态恢复到开放式大脑状态，这种学习给予了他们复原力这

第 1 章
什么是开放式大脑

种重要特质。古希腊人用了一个专门的词来描述这种由意义、联结、自觉自知构成的幸福,那就是 eudaimonia,意思是"圆满丰盈的幸福"。这是我们能够给予孩子的最持久、最能带给他们力量的礼物,体验这样的幸福有助于孩子创造真正的成功。我们可以帮助孩子为这样的生活做准备,只要我们允许孩子成长为他们自己,成长为一个独特的人。我们可以在孩子成长的过程中支持他们,让他们锻炼能力。同时,父母们也需要发展自己的开放式大脑。

让我们面对现实,现实就是孩子们是在一个塑造防御式大脑的世界里长大的。想一想传统学校里的一天,各种规章制度、标准化考试、死记硬背和一刀切的管教方法。孩子一天 6 个小时、一周 5 天、一年 9 个月待在这样的学校里。除此之外,还有我们强加给孩子们的满满的日程表,包括各种课外班、辅导班和活动。为了完成作业,孩子们不得不熬夜,因为白天他们太"充实",没时间写作业。与此同时,各种数字产品太有吸引力了,视听刺激时时刻刻抓着孩子们的注意力,让他们获得短暂的愉悦。

虽然我们认识到在现代社会培养孩子的开放式大脑特别重要,它能赋予孩子真实而持久、有意义、有联结又平和的幸福。但这些数字产品和紧凑的日程表不但不能激发开放式大脑思维,甚至还会起破坏作用。虽然其中一些确实给孩子提供了丰富的体验,但有一些还是给孩子带来了不可避免的伤害。我们认为某些被普遍认可的教育实践不是必要的,很多教育相关研究和实践也对作业、课程表和纪律的现状提出了质疑。孩子当然需要学习管理日常事务,遵守日程表,完成不一定有趣的任务,我们在整本书中都支持这一点。但我们的主要观点是,当你认识到

THE YES BRAIN
如何让孩子自觉又主动

孩子把多少醒着的时间花在了防御式大脑的任务或活动上时，就知道为孩子提供开放式大脑的活动是多么重要。我们希望家庭能成为始终强调并优先考虑培养开放式大脑的地方。

开放式大脑不是要给父母施加压力，让他们成为完美的人。其实，我们认为父母应该更放松一点。就像孩子不必完美一样，父母也不必要求自己完美。父母不用对自己过分严格，只需要尽可能做到在情感上不要缺席，然后一路支持孩子，静待花开。

如果你看过我们以前出版的《全脑教养法》(The Whole-Brain Child)和《去情绪化管教》(No-Drama Discipline)，就会发现《如何让孩子自觉又主动》是对前两本书的延续和扩展。三本书都是为了说明孩子的经历和体验会对他们的大脑及人生产生巨大影响。经历和体验包括我们对他们用了什么交流方式，我们为他们树立了什么榜样，以及我们和他们之间建立了什么关系等。在《全脑教养法》中，我们介绍了有意识地促进孩子大脑和人际关系的整合的重要性，这让他们既可以充分地做自己，又可以建立有意义的良好人际关系。在《去情绪化管教》中我们强调要了解孩子行为背后的思想，一层层地揭开行为，认识到行为问题的出现也是教育和能力培养的机会。

本书中我们把这些理念又向前推进了一步，将它们应用于探讨这个问题：你希望孩子拥有怎样的人生体验？本书的重点是为你提供思考这个问题和培养孩子开放式大脑的新方法，这样你就可以激励孩子内在的火花，并帮助它扩散开来，烧得更旺，让它照亮并支持他们的自我意识和周围的世界。我们会给你介绍一些最新、最前沿的脑科学原理及研究，并帮助你将这些知识运用到和孩子的关系上。虽然有些方法意味着

第 1 章
什么是开放式大脑

你需要改变目前的想法和做法,可能还需要进行一些练习,但也有很多方法是你马上就可以用的,你能亲眼看见孩子的成长及亲子关系的良好改变。了解开放式大脑的基本原理不仅能帮你应对为人父母的日常挑战,如孩子情绪失控、到时间不肯关电视或上床睡觉、害怕失败、害怕新体验、为写作业发愁、过分追求完美、固执任性、与兄弟姐妹不和等,还能协助你培养孩子的长期能力,让他们拥有丰富且有意义的人生。

虽然这本书是我们写给父母们的,但它对所有关爱孩子的人都有帮助,比如祖父母、老师、治疗师、教练和任何担负着帮助孩子成长的责任的人。帮助孩子充分地成长为他们应该成为的人,是重大又令人愉悦的责任。我们感恩于很多成年人在同心协力地爱孩子,引导孩子,帮助他们了解开放式大脑。

可塑性给大脑无限可能

本书探讨的内容都基于对大脑的科学研究。我们从人际神经生物学的视角来看待为人父母的挑战,这是一种多学科视角,它借鉴了世界各地的研究。西格尔是《人际神经生物学诺顿系列》的策划编辑,这是一个全面的专业文库,包括 50 多本书,参考了诸多科学研究。如果你像我们一样热爱研究,想探究这些观点背后的科学原理,这个系列可能是你最好的选择。但是,你不用成为神经生物学家,也能运用人际神经生物学的基本原理来改善你和孩子的关系。

顾名思义,人际神经生物学的重点,即从人际的角度来研究神经生物学。人际神经生物学研究人的心理、大脑和人际关系如何相互作用并塑造我们，其原理可以看作一个"幸福三角形"（见图 1-3）。人际神经生物学还研究人脑内部的神经联结，以及人际关系中不同个体的大脑之间的联结。

分享能量流和信息流

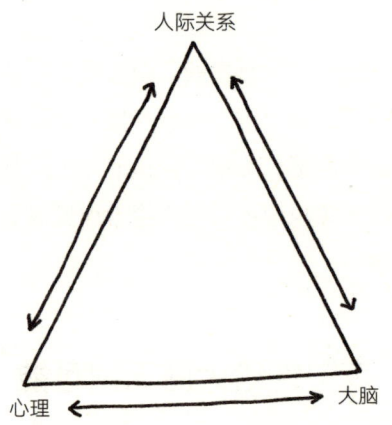

人际关系

心理　　　　　　　　大脑

能量流、信息流的自我　　　能量流与信息流的身体
组织调节，以及我们的　　　机制
意识和活着的主观感受

图 1-3　幸福三角形

整合是贯穿人际神经生物学的关键概念，指大脑的各个部分作为一个协调的整体共同发挥作用。大脑可分为多个部分，每个部分具有不同的功能：左脑和右脑，高层部分和低层部分，感觉神经元，记忆中心，

第 1 章
什么是开放式大脑

以及负责语言、情绪、运动控制等功能的各种神经回路。大脑的不同部分承担着各自的责任,有各自的任务要完成。当它们作为一个团队、一个协调的整体一起工作时,大脑就整合了,比各个部分独自工作时功能更多、效率更高。这就是为什么多年来我们一直在谈全脑教养:我们希望帮助孩子发展并整合整个大脑,这样不同的脑区在结构和功能上会有更多联系。**大脑功能的整合性是孩子是否幸福的关键。**

最新的神经学研究证明了整合脑的重要性。你可能听说过人类连接组项目(Human Connectome Project),这是美国国家卫生研究所支持的研究项目。这个项目召集生物学家、内科医生、计算机科学家和物理学家,对人类大脑进行大量研究。该项目研究了 1 200 多个健康的人类大脑,得出的重要发现之一和本书观点相同,即人们在生活中追求各种积极的目标,如快乐、身心健康、学业事业成功和令人满意的人际关系等,整合的大脑是达成积极目标的首要预测因子。该研究还揭示了连接组如何相互联系,即不同脑区彼此相连的程度。

如果你希望孩子成长为一个过着有意义生活的人,感受到人生的成就感,最重要的就是帮助他们整合大脑。关于整合大脑的方法,我们在《全脑教养法》里写过,也是本书的重要内容。父母、祖父母、老师或其他养育者有机会给孩子提供有助于整合大脑的体验。每个孩子都不一样,没有在所有情况下都有效的"银子弹"①。但是只要有目的地付出努力,你就可以给孩子创造一种能帮助不同脑区产生结构和功能联结的生

---

① 在西方文学作品中,银子弹是能有效杀伤"狼人"(西方民间传说中的一种兽人)的武器,现在则用来形容强有力的招数、有效的方法。——编者注

活空间，让孩子的不同脑区可以彼此沟通、合作，从而产生积极的人生态度。

> 如果你希望孩子成长为一个过着有意义生活的人，感受人生的成就感，最重要的就是帮助他们整合大脑。

开放式大脑是整合的大脑发挥功能时的大脑状态，它会促进大脑中结构性联结的增加。如果在和孩子的互动中，你的行为有利于开放式大脑的发展，你就在帮助他们形成整合性更好的大脑。

大脑整合的重要性很容易理解。我们用首字母缩略词 FACES 来描述整合脑的特征（见图 1-4）。

F LEXIBLE　　灵活
A DAPTIVE　　适应
C OHERENT　　逻辑清晰
E NERGIZED　　有活力
S TABLE　　　稳定

图 1-4　整合脑的 FACES

互联、整合的大脑是一个协调、平衡的整体，很多脑区可以协同工作，这样的大脑灵活、适应能力强、活力足、逻辑清晰而稳定。因此具

第 1 章
什么是开放式大脑

有整合脑的孩子在遇到不顺心时,能更好地控制自己。当孩子受环境影响和被情绪控制时,他们会做出冲动的反应;而具有整合脑的孩子会采取接纳的态度,愿意且能够决定他想以怎样的方式来回应各种情境和挑战。后者形成了对自己的准确认识,具有引导他们行为的内在指南针,具有内在的目标和驱动力,这就是开放式大脑的状态。这也是它能使孩子做出更明智的决定、和他人建立更好的关系、对自己有更充分的了解、更主动地迎接生活挑战的原因。

我们之所以能帮助大脑实现高度整合,一个关键的原因在于大脑具有可塑性。我们的经历能重塑我们的大脑,这就是神经可塑性。它不仅会使思维发生改变,而且会使整个生活发生改变。神经可塑性涉及的范围极广,基于一个人的所见所闻、所思所想、所作所为等,大脑会重新组织自己,大脑结构会发生改变,会形成新的神经通路。我们关注的任何事情,我们在体验和互动中强调的任何事情,都会导致大脑形成新的联结。注意力在哪里,相应的神经元就会放电,放电的神经元会连接起来。

> 注意力在哪,神经元就在哪放电,神经联结就在哪生长。

从父母给孩子创造什么体验的角度来看,神经可塑性引发了一些非常有趣的问题。父母可以引导孩子的注意力,因此为了建立并加强孩子大脑中的重要联结,父母必须思考想帮孩子形成什么神经联结。处于开放式大脑状态时,神经元会以有建设性的方式放电,从而让大脑的整合程度变得更高。

THE YES BRAIN
如何让孩子自觉又主动

在陪孩子阅读时，若你问："你觉得是什么让小女孩伤心了？"你的做法就为孩子提供了建立和强化大脑中社会参与回路的机会。你给予孩子某种情绪关注，他便由此建立自我理解的回路。当你讲笑话或谜语时，你即在引导孩子把注意力放在幽默和逻辑推理上，而这有助于培养孩子的相应能力及兴趣。同样地，如果父母、老师、教练或其他人让孩子感到羞耻，受到过度批评，就会形成影响他们自尊的神经通路。防御式大脑状态的互动同样会让大脑发生变化，但不是以整合的方式改变。

选择开放式大脑还是防御式大脑，取决于你自己。就像园丁使用耙子，医生使用听诊器，父母可以使用注意力作为工具，帮助孩子形成重要的神经联结。这样你就会引导孩子的大脑向着整合的方向改变。

> 父母可以引导孩子的注意力，因此为了建立并加强孩子大脑中的重要联结，父母们必须思考想帮孩子形成什么样的神经联结。

当我们忽视了孩子发展的某些方面，他们大脑中的相应神经联结就会被"修剪掉"，这些部分会发育不全，甚至退化、衰亡。那意味着如果孩子没有获得某些体验，或者他们的注意力没有被引向某些信息，他们就接触不到对应的技能，尤其是在青春期。例如，如果你的孩子从来没听说过慷慨和给予，对应的大脑就得不到充分发展。如果孩子没有自由玩耍、探索和满足好奇心的时间，也会发生同样的情况。神经元没有放电，必要的大脑整合就不会发生。虽然其中一些相应能力在日后通过努力或许也可以获得，但最好在童年和青春期就为他们提供这些帮助大

第 1 章
什么是开放式大脑

脑发展的体验。正如我们反复强调的：**你重视什么，不重视什么，关注什么，不关注什么，都会影响孩子成长为什么样的人。**

论及大脑功能与结构的形成和发展，先天的因素同样重要，基因在塑造大脑方面发挥着主要作用，因此对儿童的行为影响巨大。但是即使面对我们无法控制的先天差异，我们提供的体验同样能对孩子产生重要影响。这意味着用心了解孩子，找到他们需要的体验，帮助他们以符合其独特性格的方式集中注意力，是影响大脑进一步发展的重要方法。体验会影响大脑中神经联结的建立，无论是在童年期、青春期，还是成年期。

开放式大脑的四大特质

如果你读过我们写的其他书，就应该知道我们多次探讨过"上层脑"，这是我们自创的词。大脑极其复杂，为了便于理解，我们把孩子发展中的大脑比作正在建造的楼房，有"楼上"和"楼下"。"楼下"代表了大脑比较原始的部分——脑干和边缘系统，它们位于大脑中较低的位置，从颈部上方到鼻梁，我们称之为"下层脑"。它负责一些最基本的神经和心理运作，包括强烈的情绪、本能，以及一些基本的生理功能，比如消化和呼吸。下层脑运转得非常快，大部分时候我们根本意识不到它在工作。在某些情况下，它会导致我们做出不假思索的冲动反应，因为本能的、低等的反应通常是自动的过程，就发生在"楼下"。

出生时，"楼下"的下层脑就建好了。而"楼上"的上层脑还在修建中，它负责比较复杂的思维、情绪和人际关系技能（见图 1-5）。上层脑由大脑皮层构成，大脑皮层是大脑的最外层，从前额延伸到后脑勺，就像半圆屋顶盖在下层脑上。有了上层脑，我们才能够提前做计划，能考虑后果，解决难题，进行多角度思考，完成和大脑执行功能有关的复杂认知活动。我们日常能够体验到的意识活动大多数都来自上层脑的心理过程。

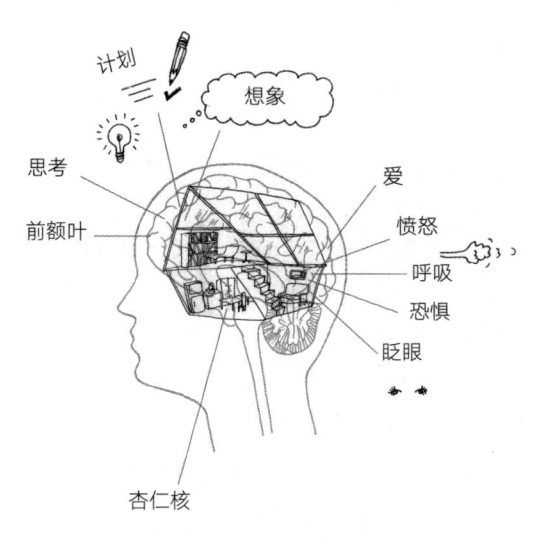

图 1-5　上层脑与下层脑示意图

随着儿童的成长和成熟，上层脑逐渐完善。直到 25 岁左右，上层脑的建设工程才算基本完成。当孩子情绪失控或无理取闹时，如果你想找个理由让自己耐心点儿，这就是理由——他的大脑还没有发育完成，他有时还不能控制自己的身体和情绪。在这些时候，控制他的是"楼下"

第 1 章
什么是开放式大脑

那部分的原始脑。这时候就需要你发挥作为父母的作用了。作为养育者，你的主要任务之一就是养育和爱孩子的同时帮助他们建立并强化上层脑。帮助的方式是由你来做孩子的"外部上层脑"，直到他自己的脑"上楼"发展成熟。在这个过程中，你可以提供开放式大脑的体验，这些体验有助于发展上层脑的各种功能，平衡下层脑的功能，由此塑造孩子的大脑，使它趋向整合。

> 如果你想找个理由让自己耐心点儿，这就是理由——孩子的大脑还没有发育完成，他有时还不能控制自己的身体和情绪。

你希望孩子成为主动、负责、关心他人、通情达理、坚忍的人，因此帮助他们发展能使他们成为这样的人的脑区，这不是很合理吗？上层脑就发挥着这样的作用。具体来说，上层脑的前额叶负责所有与自觉主动相关的能力：具备灵活性和适应性，能做明智决定和计划，能够调节情绪和生理状态，能自我洞察，能有共情力。这些能力是功能强大的前额叶充分发展的结果，它们代表了学习能力、社交能力和情商的本质。当前额叶发挥作用时，当整合形成时，人们就会觉得幸福、自在，与社会、世界紧密相连。这是圆满丰盈的幸福，使生活充满了意义、联结与平和。这样的人以开放式大脑的视角看待生活。

在后面的章节中，我们将源自整合脑的行为进行了简化，汇总成我们所说的开放式大脑的四项基本特质：平衡力、复原力、洞察力、共情力（见图 1-6）。

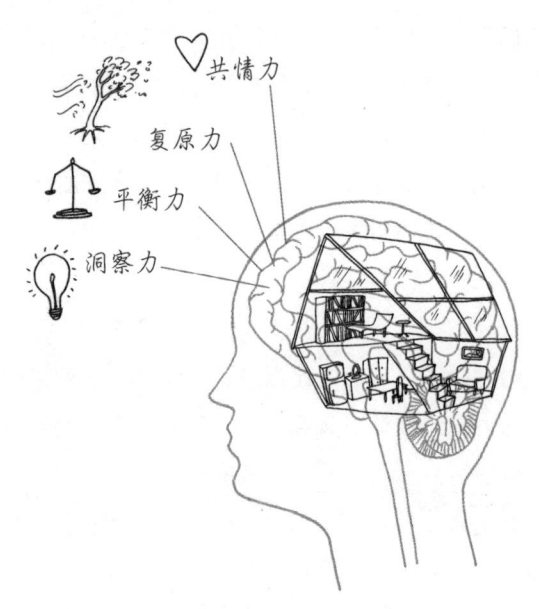

图 1-6　开放式大脑的四项特质

当前额叶和相关脑区发挥作用时，只要我们允许并鼓励孩子成长为他们自己，就会塑造开放式大脑。一定要始终接纳孩子的独特性格和其他特性，然后教给他们对未来有用的技能和能力。开放式大脑的四项基本特质是活跃的、整合的上层脑的衍生物。

当我们看到孩子无法很好地处理强烈情绪时，我们可以帮助他培养平衡力，让他在心烦意乱的时候，也能调节自己的情绪和身体，自觉地做出明智的决定。当孩子在面临困难，很难坚持下去时，我们可以支持他，让他变得更坚忍。平衡力和复原力能让孩子更加有准备地发展洞察

第 1 章
什么是开放式大脑

力。洞察力是了解自己和自己的情绪所必需的能力。拥有洞察力的孩子能判断自己真正在意什么，想成为什么样的人。这就是我们所说的内在指南针的核心。开放式大脑的第四个基本特质是共情力。孩子利用这种能力和对自己的洞察能更好地理解和照顾自己与他人，做出恰当又合宜的行为。正如我们在第 5 章中所介绍的，我们所说的"共情"是广义的共情。广义的"共情"具有更广泛的科学含义，包括感同身受的情绪共鸣，设想他人观点的换位思考，理解他人的认知共情，分享他人快乐的共情快乐，善良地带着助人目的关心他人的慈悲共情。

这四大基本特质都是可以习得的能力，孩子每向开放式大脑的状态迈进一步，就会更接近平衡、坚忍、有洞察力和共情力的生活。

而且，这个过程是循环的。开放式大脑会让孩子变得更平衡、更坚忍、更有洞察力、更有共情力。在我们鼓励和促进这些基本特质的同时，它们会进一步强化开放式大脑的人生态度。这会又一次让孩子变得更平衡、更坚忍、更有洞察力、更有共情力。这个以成长为导向的过程反复发生，会给孩子带来越来越好的结果。从很多方面看，这揭示了一个吸引人的科学发现：**整合会创造出更多的整合，开放式大脑的互动会激发出更多开放式大脑的状态。**作为父母，当你学会感知这些能力，并发展自己的开放式大脑，你就会惊喜地发现，这种新能力会自我强化。你可能已经意识到了这一点，甚至在想："这是明摆着的事。"但是，我们想强调这是开放式大脑的功劳。

记住，前额叶和上层脑的其他部分仍在建设中，因此，我们应该耐心点，不要期望孩子有超出其能力的行为和观点。通过给孩子提供能促进平衡力、复原力、洞察力和共情力的体验，你可以帮助他塑造并加强上层脑，让他为人生的真正成功做好准备。你还可以帮助孩子培养强大的开放式大脑，让他获得随之而来的各种益处。

四大基本特质中的每一项都是孩子在你的引导下，通过练习可以获得的能力。虽然有些孩子天生比较平衡、坚忍、富有洞察力或共情力，但每个孩子的大脑都具有可塑性，都能基于他所经历的整合性体验获得成长和发展。因此，我们会向你介绍每项特质的基本信息，还会提供实用的策略和培养步骤，通过这些步骤，你就可以帮助孩子在日常生活中培养特定的能力。

鼓励开放式大脑会给孩子带来显著的好处，包括短期好处和长期好处。最直接的短期好处是让父母更轻松。能够经常保持开放式大脑状态的孩子不仅更快乐，而且更自觉，更主动，对世界更有好奇心。因为接纳替代了冲动，所以，拥有开放式大脑的孩子也更灵活，更容易合作。帮助孩子激活开放式大脑还会使孩子更平和、更随和，并收获更亲密的亲子关系。长期好处是能建设和整合孩子的上层脑，教给他青春期和成年期会用到的能力。这四大基本特质是健康、幸福、真实的人生的试金石。

> 培养开放式大脑最直接的短期好处是让父母更轻松。长期好处是建设和整合孩子的上层脑，教给他青春期和成年期会用到的能力。

第 1 章
什么是开放式大脑

我们在第 2～5 章的章末特别设计了两部分内容，为你提供更多将理论付诸实践的方法。

第一部分是"亲子互动"。在这个部分，你可以和孩子一起看漫画，讨论某项基本特质。我们在其他书中用过这种方法，得到了父母、老师和儿科医生的一致好评，认为这个部分不仅帮助他们更好地理解书中信息，而且可以教给孩子。例如，在阅读了"复原力"那章之后，你和孩子一起看了"亲子互动"后，可以一起讨论克服恐惧和应对挑战是什么意思，以及在日常生活中应该怎么做。

第二部分叫"父母成长"。这个部分让你不仅可以以父母的身份来思考该章的观点，而且可以作为一个对终身成长和发展感兴趣的个体来思考自我的成长。毕竟，父母是孩子的榜样。就像我们经常告诉读者的，我们教授的观点和方法既适用于孩子，也适用于父母。这并不是说让你必须始终保持完美，或者时刻处于最佳状态。培养更强的沟通能力与社交技能，对新体验变得更开放和包容，在日常生活中发现更多意义，让人生感受更快乐、更充实，难道不是每个人都想要的吗？这就是开放式大脑。"父母成长"部分会让你有机会思考自己的人生，思考更坚忍、平衡、有洞察力和有共情力的生活方式会让你获得怎样的益处。

本书附录中提炼了开放式大脑的知识要点，简要总结了本书的主要观点。你可以复印或者用手机拍下来，作为在回忆本书主要观点或跟人分享开放式大脑时的参考。

我们所写的内容都基于严谨的科学研究。我们意识到父母们忙碌于工作和生活，空闲时间极少。所以我们写得尽量简单、通俗易懂，既忠实于科学，又考虑普通父母的阅读体验，让本书的内容直白、准确又有效。

你选择让本书参与你为人父母之旅让我们深感荣幸。这段旅程虽然艰辛，但是非常值得。你在养育孩子的过程中经历了千辛万苦，但依然在努力改进，而不是听之任之，或者照搬上一辈的做法，这让我们钦佩。你的良好意愿对培养孩子的开放式大脑大有裨益，你将帮助他主动、乐观并富有激情地面对这个世界。

第 2 章

THE YES BRAIN

平衡力
掌控情绪和行为

第2章
平衡力

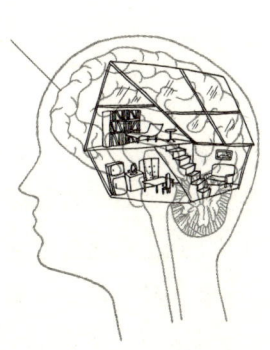

平衡力

　　亚历克斯喜欢看年幼的儿子泰迪踢足球。只要一切进展顺利，比如泰迪所在球队赢了，或者泰迪进球了，就万事大吉；但是当泰迪没把球射进球门，或者传球失误，或者他所在球队输球，他就会失控。泰迪会立马大发脾气，上层脑的前额叶失去了整合作用，下层脑开始接管控制权。当轮到泰迪坐在场外观战，换其他孩子上场时，也会发生相同的情况。泰迪会不断往场上跑，亚历克斯有时不得不抓住他，让他待在边线外。

　　泰迪对失望的反应是可以理解的，毕竟他只有8岁，非常好胜。8岁的孩子在遭遇不顺时控制不住自己的情绪是正常的。但问题在于泰迪的情绪爆发太频繁了，而且令他爆发的情况并不会惹恼其他8岁孩子。在观看泰迪的足球比赛时，一看到糟糕的苗头，亚历克斯就会很担心。如果你看过8岁孩子踢足球，你就会知道令亚历克斯担心的情况有很多。亚历克斯知道只要球队一落后，或者泰迪没铲到球，抑或裁判判泰迪或他所在球队犯规，泰迪就会开始生气、大哭，有时甚至会跺着脚气哼哼地走出球场，直接罢赛。

泰迪在人生的这个时刻需要什么？平衡，开放式大脑的第一大基本特质。泰迪缺乏自我调节能力，也就是平衡自己的情绪和行为的能力，所以一点小事就会让他失控。

我们猜你的孩子有时也会出现类似情况，不能很好地控制自己的情绪和行为。当你的孩子不能随心所欲时，就可能表现得像泰迪一样，或者表现出他们自己特有的失控方式。年幼的孩子在失去平衡时，可能会发脾气、扔东西，又打又踢或者乱咬。年龄大一些的孩子失控时也会出现其中某些行为，但他们的语言能力提高了，对人的心理也有了一些了解，他们有意无意地学会了如何惹恼父母，因此会用言语来伤害父母。还有一些孩子会封闭自己或躲藏起来，把别人挡在外面，自己独自承受痛苦。

所有的孩子都会有情绪失衡的情况。有的孩子爆发得频繁些，有的不常爆发，无论频率如何，情绪失控在童年期都是正常的。如果你的孩子好像从来没出现心烦意乱或失控状况，那反倒令人担心。有些孩子严格控制自己的情绪，从来没有失控过。如果他们过度控制，有可能导致情绪受阻，从而体会不到情绪平衡所带来的活力感。孩子在童年时应该体验各种各样的情绪状态和情绪强度。虽然有时强烈的情绪会压倒理智的思维，导致情绪失控，但这才是正常人呀！

缺乏平衡和经常做出冲动反应的原因有很多，比如：

1. 年龄；
2. 性格；

第 2 章
平衡力

3. 睡眠问题；

4. 感觉加工障碍；

5. 疾病；

6. 学习、认知等方面的障碍和失调；

7. 养育者放大了倒霉的事情，或者对其的反应冷淡；

8. 环境要求与孩子的能力不符；

9. 心理障碍。

以上各项原因对孩子的影响程度不尽相同，但结果显而易见——情绪混乱。主要表现为：大发脾气，比如大喊大叫、无礼大闹；非常焦虑，比如退缩、封闭、抑郁或自我孤立。**不平衡的反应就像河的两岸：一边是混乱，另一边是刻板。而中间就是整合的平衡之河。平衡就是学会顺着中间的河流，做到灵活、适应、有活力、稳定、一致。这是整合带来的 FACES 平衡之河。**

为什么开放式大脑四大基本特质的首要特质是平衡力？因为其他三大基本特质——复原力、洞察力和共情力均有赖于平衡状态下控制情绪的能力。其实，我们想教给孩子的，以及我们想看到的结果，都有赖于平衡力。我们想看到的结果包括孩子自觉主动，和家人、朋友形成有意义的关系，睡眠良好，学业有成，拥有幸福生活。当孩子失控时，他们是没法参与学习和领悟生活的。所以，给发脾气的孩子上课是毫无意义的。他们甚至听不到你在说什么，更不要说遵照你的指示或自觉对自己的情绪做出明智的反应。

简而言之，平衡对孩子的各个方面都很重要。当孩子失去平衡、失控时，无论原因是什么，冲动的反应都会让情况变得紧张，给每个人都造成麻烦，尤其给他自己。因此，作为父母，无论你的孩子多大，你的首要任务都是通过"共同调节"，帮助他们变得更平衡。那意味着你要支持他们重新变得平静，教给他们有助于他们未来保持平衡的技能，使他们更容易做到自我调节。

> 我们想要教给孩子的，以及我们想要看到的结果都依赖于平衡力。包括孩子自觉主动，和家人、朋友形成有意义的关系，睡眠良好，学业有成，拥有幸福生活。因此，作为父母，无论你的孩子多大，你的首要任务都是帮助他们变得更平衡。

下面，让我们来说一说你该怎么做。

平衡是一种可学会的能力

尽管泰迪在足球场上有失控行为，但他不一定存在情绪或行为障碍，也不一定需要医学评估或长期治疗。当然，爸爸也不应该对泰迪做出防御式大脑的反应——惩罚他或羞辱他。相反，泰迪需要爸爸给予开放式大脑的反应，帮助他培养自我调节的能力，实现情绪平衡。

第 2 章
平衡力

上面就是亚历克斯找蒂娜咨询时，蒂娜对他说的话。有些孩子需要专业的干预，这对扩大他们的"容忍窗"，改善他们调节大脑和身体的能力非常有帮助。"容忍窗"是丹尼尔发明的词，指的是大脑的激活范围，在这个范围里我们能够很好地调节情绪和行为。超过容忍窗的上边缘，我们的思维会变得混乱；超过容忍窗的下边缘，我们会变得僵硬刻板。如果一个孩子的某种情绪的容忍窗太窄，比如悲伤或愤怒，那么就很容易因为一点小事而情绪失控。但他其他情绪的容忍窗可能比较宽，比如恐惧，那么他就不太容易变得混乱或刻板。

很多问题都会导致孩子的容忍窗太窄。例如，泰迪的行为说明他的挫败容忍窗太窄，可能是由感觉加工障碍、注意力缺陷多动障碍、过去的心理创伤或其他原因造成的。专业心理评估和干预会对泰迪有益，但是正如蒂娜对亚历克斯所解释的，泰迪主要需要培养自我调节的能力。泰迪的行为，就像所有孩子的行为一样，本质上是一种沟通方式。泰迪在球场上对爸爸和其他人尖叫，是因为他没有控制自己行为和情绪所需的能力或方法。蒂娜指导亚历克斯，要帮助泰迪培养自我调节能力，扩展他的容忍窗。

平衡力的真正含义是：做到情绪稳定的能力，能够主动调节身体和大脑的状态。拥有平衡力意味着你能主动思考你的选择，做出明智的决定，且具有灵活性；意味着你在遭遇困境和难以应对的情绪时，有能力快速恢复平稳——这是平和的基础；意味着你能够控制自己的思维、情绪和行为，很好地应对棘手的情绪和情境；还意味着当你偶尔冲出容忍窗时，你最终会恢复平静。

THE YES BRAIN
如何让孩子自觉又主动

> 平衡力的真正含义是：做到情绪稳定的能力，能够主动调节身体和大脑的状态。

大脑平衡的孩子会更具灵活性。当发生他们不喜欢的事情时，他不会立即大发脾气，而是自觉地去适应它。他会暂停下来，思考做出怎样的反应最好。刻板是对环境做出被动的反应，而灵活与之相反。具有灵活性的孩子能主动意识到有其他选择，可以灵活地做出明智的决定。灵活的程度取决于孩子的年龄和所处的发展阶段。泰迪感到沮丧、愤怒和失望完全没有问题，这些情绪对他是有益和健康的。记住，有意义的生活是情绪丰富的生活。但是，泰迪还需要掌握在感受情绪的同时，以健康有益的方式做出反应的能力。**平衡的大脑不仅能够感受情绪，还能适当地表达情绪，并且灵活地复原，不让情绪控制自己。**

低龄孩子的大脑发育程度还不能使他们一直保持情绪平衡。这就是为什么有"可怕的两岁""恼人的三岁"和"令人沮丧的四岁"的说法。由于孩子的上层脑还没有充分发育，所以作为养育者，我们的任务之一是用我们成熟的大脑帮助孩子恢复平衡。这时候就需要"共同调节"。我们陪伴孩子，安抚他们，这会让他们放心，让他们相信在被这些强烈的情绪淹没的时候，我们会和他们在一起，帮助他恢复平静。

我们会在本章及第 3 章中更详尽地阐述这个观点：当孩子情绪失控时，帮助他的关键在于提供抚慰人心的爱的陪伴。大多数时候，孩子行

第 2 章
平衡力

为不当的原因是他们当时无法控制自己的情绪和身体,而不是因为他不愿意那样做。因此,在你开始教育他们,或者告之希望他们怎么做,或指出他们应该做什么、不应该做什么之前,需要你先帮助他们恢复平衡状态。推荐做法是:抱着孩子,安抚他们,认真倾听,感同身受,给他安全感,让孩子知道你爱他们。这样,先让孩子恢复平衡,然后再和他谈恰当的行为或将来更好地控制自己才有效。

记住,孩子不喜欢失控的感觉,情绪失控会让他们感到害怕。我们可以帮助孩子恢复情绪的平衡。如果得不到我们的帮助,孩子就不得不自己处理这种强烈的情绪失调。这时我们常常会看到孩子大发脾气的可怕场景,比如:"金鱼饼干的尾巴掉了,这是我遇到的最糟糕的事情!把它装回去!把它装回去!"

在某个年龄段,这种强烈而冲动的反应是符合孩子的发展规律的。但是随着孩子的成长和发展,我们可以让他们安全地体验各种情绪,甚至强烈的情绪,然后帮助他们灵活地恢复平衡,就可以让他们享受到开放式大脑的好处了。

平衡与绿色区

我们有两个进化程度比较高的神经系统分支:一是交感神经系统,它发挥着类似油门的作用,能让我们振作,提升我们的情绪和生理唤醒程度,比如让我们心跳、呼吸加快,增加肌肉张力,让我们能站起来活动;二是副交感神经系统,它发挥着类似刹车的作用,能让我们平静下来,降低神经系统的唤醒程度,使我们呼吸减慢,肌肉放松。

当我们处于安全的环境中，这两个分支神经系统流畅地相互作用，我们一天中的各种状态主要来自它们的相互作用。比如，若你下午开会时睡着了，你的副交感神经系统比较活跃；当你被堵在下班路上，感到沮丧而焦急时，或者当孩子惹得你心烦意乱时，你的交感神经系统比较活跃。

研究者斯蒂芬·波奇斯（Stephen Porges）提出了多层迷走神经理论，该理论解释了神经系统的唤起如何影响我们的身体和社交系统。

三色区模型可以形象地解释波奇斯的这一理论。三色区模型聚焦于孩子在某一时刻会经历的三种神经系统状态，用简洁直观的示意图表示（见图 2-1）。

图 2-1　三色区模型

绿色区

当神经系统的两个分支达到平衡时，我们就能很好地控制自己，这种状态就是"绿色区"的状态。它意味着我们处于开放式大脑状态，处于容忍窗内。当孩子处于绿色区，他们的身体、情绪和行为是可控的。

他们处于平衡状态，其交感神经"油门"和副交感神经"刹车"在协调运转。即使在面对逆境或感受到沮丧、悲伤、恐惧、愤怒或焦虑等消极情绪时，孩子也能很好地控制和调节自己的情绪。

红色区

孩子在遇到不如意时，强烈的情绪会让他们失控，这意味着情绪的强度越过了他们的容忍窗。对年幼的孩子来说，不如意的事情可能是不能再吃一根冰棍，朋友们不带他玩，或者学骑自行车时总撞车。对大一些的孩子来说，不如意的事情可能是比赛失利，考试分数低，或者兄弟姐妹让他们恼火。和其他所有人一样，孩子也无法事事如意，他们有时会感到强烈的惊恐、愤怒、沮丧或尴尬。就是说孩子无法应对情境的要求，突然之间，要保持平衡和停留在平静满足的绿色区变得非常困难，于是孩子就可能进入红色区。

> 泰迪是红色区的常客。当泰迪的情绪"油门"被踩到底时，亚历克斯能看到泰迪表现出明显的红色区生理特征：心跳和呼吸骤然加快，眼睛眯起或睁得大大的；紧咬牙关，攥起拳头，绷紧肌肉；体温升高，皮肤变红或出现斑点。

对红色区的科学描述是：孩子的自主神经系统进入了过度唤醒的状态，激发了强烈的应激反应。这时，下层脑接管了孩子的情绪和身体，控制了他的行为。行为表现是：大发脾气，攻击周围的人，或扔东西，甚至同时把这些招数都使出来。典型的红色区行为包括：大喊大叫、身体攻击或言语攻击、颤抖、大哭、不合时宜地大笑等。现在你可能想起了自己的孩子，想到了他进入红色区时的种种表现。

这种红色区的歇斯底里发作是孩子失控时的表现。这就是防御式大脑状态，它解释了孩子和有些成年人在表现出反常行为时发生了什么。很多使孩子受到惩罚的问题行为其实都是红色区症状，这些行为不是他们主观故意选择的，因为他们失去了控制，无法做出明智的选择，没办法主动"停止哭闹"或"立即平静下来"。这些都是防御式大脑反应。

蒂娜和亚历克斯一起想出了建立开放式大脑反应的四种方法，来解决泰迪遇到的问题。

1. 把红色区的知识教给泰迪。
2. 教给泰迪让自己平静的方法，比如放慢呼吸。
3. 用角色扮演游戏和桌游锻炼泰迪应对可容忍挫败的能力。虽然游戏的进展不会总顺着泰迪的心愿，但这些都是利害关系不大的游戏。经历小挫败可以让孩子为应对大挫败做准备，比如足球比赛输了。这些方法可以帮助泰迪扩大挫败的容忍窗。
4. 在泰迪生气时，先安抚他，让他平静下来，只有这样他才能认真地去听爸爸在说什么，之后再解决他的行为问题（见图2-2）。

第 2 章
平衡力

家长的防御式大脑的反应会让孩子更受挫。

家长的开放式大脑的反应会让孩子平静下来,有助于增强他们的能力。

图 2-2 家长面对孩子受挫时的不同反应

蓝色区

有时,生气的孩子并没有进入红色区,而是进入了蓝色区。此时的防御式反应不是战斗或逃跑,而是沉默或晕倒。在蓝色区里,孩子对消极情绪的反应不是用行为去宣泄,而是自我封闭。每个孩子的反应程度不尽相同。有些孩子只是情感上退缩,变得很沉默,拒人于千里之外,让别人没法帮助他们。有些孩子会离开当时的环境。有些孩子会出现被称为"分离"的极端状态,即他们的思想感受和身体感觉的内部断开。如果孩子经历过创伤,则比较可能出现分离状态。

蓝色区的生理表现包括心跳减慢、血压降低、呼吸变慢、肌肉松弛、松懈的姿势及不和人进行目光交流。这看起来很像负鼠为了避免危险而装死的状态。我们有时也能看到孩子有僵住不动的反应,表现为肌肉绷紧、心跳加速、一动不动。这也是一种应激状态,只是没有表现出动作。蓝色区的反应是向内的,而不是向外爆发。红色区代表自主神经系统的过度唤起,而蓝色区也是另一种过度唤起,是一种独特的刹车方式:晕倒反应关闭了内部的生理过程,僵住停止了外部的活动。当孩子觉得无法逃避令人不舒服、令人害怕或危险的环境时,他们可能会进入蓝色区。

大多数时候,进入哪个区不是孩子自主选择的结果。神经系统会自动决定哪种反应最适合目前的情境,它会基于多种因素去做出决定,包括目前情境、对过去经历的记忆和天生的性格。

人类对困境和强烈情绪的反应是复杂多样的,但为了让大家更容易理解我们的观点,我们进行了简化。我们的主要观点是,绿色区里的孩子能很好地把控自己,做出明智的决定,保持平衡,能控制自己的情绪

第 2 章
平衡力

和身体。他们对周围世界保持开放的态度，以健康、有意义的方式参与其中，并且非常乐于学习。

绿色区的孩子之所以能这样，是因为他们处于容忍窗里。当情绪或环境中的威胁让孩子无法承受时，他们会进入混乱、爆发性的红色区或封闭、刻板、无反应的蓝色区。无论是进入红色区还是蓝色区，孩子都不能达到平衡，都不能很好地把控自己；而处于绿色区的孩子会找到有效的新方法来应对这些富有挑战性的时刻。所有孩子在某一刻都会进入红色区或蓝色区，我们也应该鼓励他们体验复杂多样的情绪。牢固、宽阔的绿色区是孩子的内在资源，拥有这样资源的孩子虽然也会感到沮丧、失望、悲伤和恐惧，但他们会停留在绿色区里。他们对各种情绪体验都具有宽广的容忍窗，哪怕是非常强烈的情绪。即使在面对逆境和挑战时，他们也能保持平衡和良好的适应。

所以，作为父母，如果我们想让他们可以保持自我调节能力，能优雅而沉着地应对生活中的困难，就要去帮助孩子变得更平衡。我们需要完成两项主要任务：一是当孩子心烦意乱时，帮助他们回到绿色区；二是帮助孩子扩展他们的绿色区。

> 父母要完成两项主要任务：一是当孩子心烦意乱时，帮助他们回到绿色区；二是帮助孩子扩展他们的绿色区。

宽广的容忍窗是我们送给孩子的人生礼物，他们可以在这样的容忍窗里体验世界。我们将在第 3 章介绍如何扩展孩子的绿色区。而在本章让我们聚焦于怎样帮助孩子回到并保持在绿色区。

测一测孩子的平衡力

从情绪灵活性和行为平衡性的角度观察你的孩子。问一问自己：孩子的绿色区有多宽？什么样的挑战、多强烈的情绪会影响孩子？哪些情绪的容忍窗比较窄，哪些情绪的比较宽？

正如我们说过的，孩子有时候情绪失衡是正常的。对父母来说，重要的是要思考究竟是什么引发了孩子的防御式大脑反应。一旦孩子无法很好地自我调节，出现了混乱、狂暴的红色区反应，或者退缩、刻板的蓝色区反应，父母该如何帮助他恢复平衡。基于布鲁斯·麦克尤恩（Bruce McEwen）[1]关于毒性应激的研究，我们开发了一套测试题，多年来我们用这些问题帮助父母了解，他们做什么才能帮助陷入困境的孩子。

观察你的孩子，思考并回答以下问题。

1. **应对某种情绪时，孩子的绿色区有多宽？**
   他应对不安、恐惧、愤怒和失望的难易程度如何？
   考虑孩子的年龄和发展阶段，他能在不快速滑入红色区或蓝色区的情况下应对挫折吗？
2. **孩子容易偏离绿色区吗？**
   什么样的情绪或情境会导致孩子进入混乱的红色区或刻板的蓝色区？

---

[1] 布鲁斯·麦克尤恩是美国洛克菲勒大学教授，知名神经内分泌学家，以研究环境和心理压力的影响而闻名。——编者注

> 第 2 章
> 平衡力

> 考虑到孩子的年龄和发展阶段，是否一些小问题就会让他情绪爆发，使他偏离绿色区，陷入情绪失调的状态？

3. 是否存在导致孩子失衡的典型触发事件？

   > 触发事件是否和身体需求有关，比如饥饿或劳累？
   >
   > 孩子是否缺乏某些情绪或社交技能？需要进行相关练习吗？

4. 孩子离绿色区有多远？

   > 当孩子进入红色区或蓝色区时，他的反应有多强烈？
   >
   > 偏离绿色区后，孩子的混乱或刻板有多严重？

5. 孩子在绿色区外会停留多长时间？他回到绿色区的难度有多大？

   > 孩子有多么坚韧不拔？
   >
   > 一旦他自我调节不良，重新获得平衡感和自我控制感有多难？

对孩子独特的能力和性格的评估越准确，你就能越好地运用我们介绍的方法。我们介绍的一切都是为了帮助你的孩子在短时间里变得更平衡，使孩子的日常生活更从容、更平和；也是为了帮助你教给孩子受用一生的能力，让他们能更多地停留在绿色区里，成长为能很好地把控自己的青少年和成人，变得自觉又主动。

丹尼尔曾经成功地帮助一位年轻的妈妈体验了开放式大脑的短期好处和长期好处。当时，这位妈妈的儿子刚上幼儿园，虽然经过了几周缓慢而体贴的调适期，但儿子每当和妈妈分别时，还是会情绪崩溃。幼儿园的其他孩子已经逐渐习惯了和父母告别，而他严重的分离焦虑让他的父母在幼儿园门口没法离开。他保证会去幼儿园，他和妈妈会预先制订详细的计划，但每天早上8点他还是会进入红色区。在该下车时，他就开始大叫、吐口水、乱咬，甚至撕自己的衣服。

这位忧心的妈妈找丹尼尔寻求帮助。在和妈妈分离这件事上，儿子的绿色区很窄，窄到几乎没有。这个诱发事件会让他的情绪很快失去平衡，进入红色区，直到妈妈保证不离开才能恢复平衡。

丹尼尔的方法就是教给年轻妈妈本章所讲解的主要内容。丹尼尔告诉这位妈妈，妈妈的在场是儿子保持良好调节的最佳策略。问题是当妈妈离开时，儿子并没有其他能让自己保持在绿色区的有效策略。只有和妈妈的联结才能让他保持自我调节能力。儿子的需求令妈妈难以忍受，甚至让她有时感到怨恨。丹尼尔的解释是，和妈妈在一起的需求是她儿子目前能找到的最好的应对策略，帮助他应对焦虑和恐惧。这就像在听到可怕的声音时，婴儿会哭泣，学步儿会向父母跑去。儿子依靠她来抵抗环境的压力，以应对自己内心的混乱和不平衡。这种应对策略是可以理解的，但是由于他没有其他能帮他调节情绪和忍受分离的能力和策略，所以造成了母子二人的痛苦。

父母若是采用防御式大脑反应，就是把"成功"建立在儿子的顺从上，不管他感受到多少痛苦。防御式大脑反应往往依靠"其他孩子都不要妈妈"去引起儿子的羞愧，或用"你是个大男孩了，没什么可难过的"来弱化男孩的感受（见图2-3）。而丹尼尔帮助这位妈妈采取开放式大脑的反应方式，承认、尊重并回应儿子的情绪。

防御式大脑的反应会增加痛苦

开放式大脑的反应关注孩子的情感,培养他的能力

图 2-3　面对情绪化孩子的两种反应

首先,妈妈和儿子一起又写又画地创作了一本书,描述了早上说再见有多困难,也描述了幼儿园的生活多有趣。然后,他们在男孩感到舒服和安全的地方练习短时间的分离,并逐渐延长时间,让分离变得越来越可以忍受。其次,妈妈还和儿子谈论了"勇敢男孩"应具备的态度,它和"担忧男孩"的态度有什么不一样,并且带领儿子练习了"勇敢男孩"的态度。最后,他们请老师帮了个忙,让老师到幼儿园门口迎接他们,并允许男孩先和妈妈待一会儿。之后让妈妈在孩子可以容忍的情况下尽快离开,渐渐离开得更远一些、时间更长一些,逐渐扩大他的分离容忍窗。通过这些步骤妈妈能更好地理解和尊重儿子的感受和情绪。

事实证明这些方法对这个孩子很有效,但是每个孩子是不一样的。所以,**应用的要点不在于记住一套步骤,而在于帮助孩子获得能力,创造能促进大脑平衡的空间和机会**。帮助孩子变得更平衡、坚忍的基础是你和他的联结。这一切永远始于你们的关系。

亲子关系中的平衡

前文中我们谈过大脑的整合如何形成开放式大脑。我们说的"整合"就是大脑的不同部分在履行各自职责的同时，也能团结起来更有效地完成重要的任务。相同的概念也适用于亲子关系。

各个部分既不相同又相互联结，这就形成了整合。例如，在人际关系中，每个人保持着他们的独特性，同时作为一个协调的整体一起工作。整合不同于混合，也不同于让所有的部分都变成一样，变得同质。整合的本质特点是保持差异，建立不会抹杀差异的联结。这也就是为什么建立健康、整合的关系很具挑战性的原因之一：我们既需要差异，也需要相互的连接。

在亲子关系中，这一点尤其重要。两个个体紧密相连，但同时也尊重差异，因此促成健康的整合。我们举个例子说明一下理想的亲子状态。

你告诉3岁的孩子，他不能再看电视了，因为他已经把当天的时间配额看完了。孩子很生气，他进入了红色区，开始大发脾气。你马上和他交流，让他感到自己被理解、被倾听。你的语调表达出你的感同身受，表情柔和。你这样对他说："你特别想再看一会儿吗？你是不是觉得很生气，很难过？是的，这很难。我明白。我会陪着你。"

你没有改变不许孩子看电视的想法，但他知道你在倾听，你随时都会帮助他。这就是整合中的联结部分。大脑与大脑的联结使你能感

第 2 章
平衡力

受到孩子的情绪状态，在他开始失控时依情况灵活提供适合的反应。"依情况"的意思是你立即以积极的方式回应孩子。这样你理解的是孩子的内在状态，而不只是外部行为。通过这种充满理解的交流你会注意到孩子什么时候跑向了红色区或蓝色区，陷入了无助和无望，然后你可以提供帮助。你没有只是对外在行为做出反应，而是把注意力集中在他的内心世界是红色、绿色还是蓝色，和孩子交流内在的状态。你还提供支持，帮助他学会忍受那些难以应付的情绪，让他明白，即使在他无法控制自己情绪的时候，你也可以帮助他控制情绪。通过你充满理解的沟通，孩子会学着扩大他的容忍窗。

　　我们在其他书里也详细探讨过这个观点，尤其是在《去情绪化管教》里。正如我们在书中解释的，管教就是教育和培养能力，这样，一段时间后管教就会减少，因为孩子具有了自律的能力。既然管教的本质是教育，那么孩子就必须处于可以学习的心理状态，那就是绿色区。帮助气恼、冲动的孩子回到绿色区的最有效方法就是联结。孩子各有各的特点，所以你一定要注意孩子的发展差异和个体差异。但是在大多数情况下，当孩子失去平衡而失控时，父母最有效的回应方法是充满理解的交流和引导。

　　这种交流策略需要我们先和孩子建立联结，然后再试图教育或解决行为问题。就像如果孩子身体受伤，我们也会先安抚一样，在孩子情感受伤时，我们应该先安慰他们。联结意味着通过拥抱、爱抚、感同身受的表情、充满爱与理解的言语去安慰孩子，表达对孩子的理解。如果你可以以放松的姿势坐着，坐得比孩子的视线低，充满理解地说"我会在这儿陪着你"，那效果会更好。这种联结有助于孩子回到绿色区，他们会变得平静，能够听进去我们要说的话。然后我们可以引导孩子做出更好的行为和决定，和他们谈一谈下次遇到类似情况时可以尝试的其他策略。这时候我们应该设限了，一方面使孩子有安全感，另一方面让他们为自己的行为负责，比如把东西归位，进行一些修理等。这就是"连接—引导"的方法，它依赖于和孩子建立联结，对他们的情感感同身受。

父母采用健康的开放式大脑反应也会给自己的差异化留有余地。如果你既不想失去差异化，也不想打破平衡，你和孩子就可能会变得过度联结。失去平衡的关系意味着和孩子的联结使你失去个体差异化，从而会导致孩子难以获得内在的平衡。**整合的平衡并不代表让你与孩子保持距离或不再爱孩子，而是强调联结和差异都是爱与支持的基本组成部分。**

当孩子封闭自己或者大发脾气时，你的任务不是把他的情绪复制过来，或者彻底把他们从中解救出来，或者帮他们逃避困难的事情。比如，在孩子的金鱼饼干尾巴断了时，你不应该赶紧去找强力胶水把金鱼饼干的尾巴粘回去，或者赶紧冲进商店买一盒新饼干。你应该保持联结和感同身受，同时也要保留自己的差异性。比如说："亲爱的，我知道你很生气，因为金鱼坏了。这真是令人沮丧。"

因此即使你当时没有"解决"孩子的问题，他也会感到你明白他的感受，你爱他，和他心连心。这会让他恢复平衡和良好的自我调节。感受到你的差异性，知道你能包容他的调节不良，不会跟着失控，其实会带给他更大的安全感。你和你成熟的上层脑帮助孩子的上层脑恢复工作，因此他能重回绿色区。在这种共同调节中，你让孩子体验自己的情绪，同时提供让孩子"可以跌落在柔软地方"的情绪安全网，这样他就不会独自陷入痛苦。

第 2 章
平衡力

想象一下如果你放弃自己的整合状态，以配合孩子的调节不良，情况会变成什么样子。你们会失去个体差异化，变得过度联结。在这个例子中，如果他在哭闹，你也坐在地板上开始抽泣，那么，你们有了过多的共鸣，却没有区分。相反，你应该陪着他经历挫败和情绪混乱，但不要马上解救他。然后通过你的感同身受和充满爱的陪伴，帮助他恢复绿色区的平衡状态。亲子关系中的区分意味着你允许孩子自己体验人生中不可避免的消极情绪，联结意味着你和他保持交流，保证他的安全，帮助他恢复平衡。这就是整合对培养幸福感的作用，也是开放式大脑的教养之道。

理想的开放式大脑状态是：既保持足够区分，使孩子能面对逆境，体验自己的情绪；又同时保持足够的联结，使你能确保他不出格，能安慰他，帮助他快速回到绿色区，甚至扩展绿色区。我们将这种理想状态称为"开放式大脑的平衡有效点"。

联结与区分的平衡点

我们给孩子的反应要么促进要么妨碍他们开放式大脑的发展，最理想的是我们能恰好处于平衡有效点，既与孩子足够联结，又保持足够区分。但是最理想的教养是不存在的。没有父母能时时刻刻做到最好。我们常常不能把两者整合起来。

整合度图谱的一个极端是父母和孩子太过区分，和孩子疏远（见图 2-4）。这种处于极端状态的父母轻视孩子的情绪，告诉孩子他们的情绪没什么大不了或者因此批评孩子，导致孩子不得不独自应对问题。哪怕从孩子的发展阶段来看，他们也还没有能力解决这些问题。

049

联结与区分的平衡点

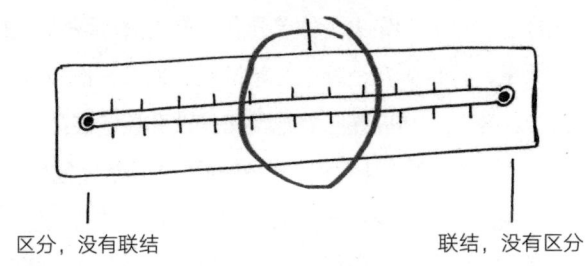

区分，没有联结　　　　　　联结，没有区分

图 2-4　整合度图谱

我们常常意识不到当我们指责或轻视孩子的感受时，我们在给孩子造成伤害。当我们否认孩子的情绪，贬低、指责他们，让他们感到难为情，教育他们要自己消化情绪，或者不理睬他们时，我们其实是在因为孩子感受和表达了正常的人类情感而惩罚他们（见图 2-5）。

这会导致孩子丧失各种情绪，让他们认为不应该分享情感和体验。这既没有帮助孩子回到绿色区，也没有培养他们未来可用的技能，他们依然处于无法自我调节的状态中，得不到支持。因此，他们只剩下两个选择：要么变得更加心烦意乱，远离绿色区；要么学会了隐藏真实的情感。没有足够联结的区分会让孩子在没有任何帮助的情况下，经受猛烈情绪的暴风雨，也就难怪他们无法达到情绪和行为的平衡。

整合度图谱的另一个极端是，父母只有联结，却没有足够的区分（见图 2-6）。我们有时称之为"陷进去了"。当父母不尊重孩子的个体性

图 2-5 轻视孩子情绪的教养方式

图 2-6 过度联结

第 2 章
平衡力

或父母仅剩下"家长"的身份时,就会发生这种情况。这会造成一种被称为"直升机式养育"的现象。在这种情况下,如果 4 岁的孩子只让爸爸哄他睡觉,妈妈也许会觉得很震惊,感情很受伤。或者爸爸会替上中学的孩子写作业,而在参加女儿学前班的亲子课堂时,不能遵从老师的告诫,让女儿自己费力地剥香蕉。

这些父母就需要少些联结,多些区分,为了孩子,也为了父母自己。当孩子感受到某些情绪、愿望和个性时,这些父母就会感到不安。这些父母对孩子的不快或挣扎只有很窄的容忍窗,会一再越俎代庖,试图拯救孩子,而不是让他们感受、尝试、犯错和学习。

我们是不是都会过多地卷入孩子的生活?出于对孩子的爱,我们很容易做得过多。我们帮他们系鞋带,或者到柜台替他们再要些番茄酱,而不是让孩子自己做这些事。有时孩子会面临困难或调整,我们会立即跳出来拯救他们,替他们出头,把事情搞定。我们找老师谈话,解决他们和朋友的冲突,或者替他们给教练打电话。

当然,有时候我们需要为孩子出头,维护他们,甚至有时我们需要很强悍地维护他们。我们必须明确一点:没有什么比你和孩子的关系更重要。如果你读过我们这些年写的书,你会知道我们是多么强调亲子关系。给孩子多多的爱或关注并不会"宠坏"他们,你不用担心因为给予他们很多爱而成为"直升机父母"。越来越多的研究表明,在过去几十年里,父母为孩子的幸福和发展付出得比以前更多,孩子也因此变得更健康、更快乐、更安全。孩子更少惹麻烦,在学校里的时间更长,学业成绩更好。几乎从所有的衡量标准来看,父母越重视亲子关系,越理解孩子,孩子就会发展得越好。

但是，爱孩子也要避免过度联结，而失去区分。否则，我们会过多地插手干预孩子，替他们处理问题，使他们失去学习如何应对困难的机会。对孩子而言，找老师讲理或解决和朋友的问题是非常好的学习机会，让孩子能锻炼用于解决问题的上层脑，锻炼他们的口才和沟通能力。此外，通过让孩子自己应对状况，他们会知道自己有能力承受不安和不适。培养复原力和信心的一个好方法就是让孩子不得不应对很有挑战性的状况，并最终取得成功。如果孩子时不时需要评估状况，设法解决问题，并提出解决方案，他们的大脑就会得到锻炼，未来才会更擅长自己解决问题。

我们想教导孩子要自信，要让他们知道我们相信他们，相信他们有能力自己应对。这样，孩子会发现自己有多强大，多能干。他们可以轻松应对困难，说一句"我处理过这种情况"。

我们不想用安全的气泡膜把孩子裹起来。虽然孩子很宝贵，但他们不是易碎品（见图2-7）。

如果我们对孩子保护过度，让他们免受任何不适、痛苦或潜在的挑战，我们其实是在让他们变得更脆弱，使他们越来越不能自己达到平衡。我们漫不经心又明确直白地说："我不认为你能处理好，你需要我保护你，需要我替你做。"这样做其实是在否认孩子的权利。让孩子练习感受并承受不适，练习坚忍，然后才能找到出路，知道自己有多强大，有多足智多谋。

图2-7 气泡膜

第 2 章
平衡力

想让孩子知道你相信他们吗？想让孩子变得足智多谋、坚忍、情绪稳定吗？想培养孩子的坚毅品格，以及牢固而宽广的挑战容忍窗吗？想让孩子知道他们不是情绪和情境的受害者吗？那么就放手让孩子去感受，让他们和犹豫不决、不安、气馁和失望作斗争。

和孩子联结过度，会导致他们失去了区分的空间。作为家长，我们的任务不是把孩子从困境和不舒服的情绪中解救出来，而是陪着他们一起经历困苦，给予理解和支持，允许他们自己去感受并成为问题的主动解决者，发现自己的能力有多大。正是出于对孩子深深的爱，所以我们想保护他们。但如果我们让爱带给我们勇气，让我们强大到允许孩子去发现自己的力量，那他们的能力才会增强。

> 我们的任务是陪着孩子一起经历困苦，给予理解和支持，允许他们自己去感受并成为问题的主动解决者，发现自己的能力有多大。

我们的任务是陪伴孩子，当他们崩溃时，随时帮助和安慰他们；同时让他们吸取教训，学会平衡。我们要找到开放式大脑的平衡有效点，既有健康的区分，又有健康的联结，且两者的程度适当（见图 2-8）。

联结不足

区分不足

图 2-8　避免整合度图谱的两个极端

第 2 章
平衡力

平衡的日程，平衡的大脑

前文中我们主要介绍了要帮助孩子获得内在的平衡，这样他们就能很好地调节自己的大脑和身体。有助于情绪调节的一个重要的外部因素是你在孩子的生活中创造了多少健康成长和发展的空间。换言之，平衡的大脑和平衡的日程之间存在着明确的联系。**平衡的日程允许孩子做小孩，不会把他们的每秒钟都安排满，不会让作业和规划性活动占据每时每刻。**

儿童主要通过友谊、随意玩耍和自由时间来培养情绪调节能力。这些活动为他们提供了探索和想象的机会。适当空闲的日程安排使他们有更多的时间和家人、朋友在一起，习得人际关系中的经验教训。即使孩子感受到无聊也会为他们的成长和学习创造重要的机会。父母都非常担心孩子的学业，但有价值的教育是，当你听到孩子在夏日里抱怨"我好无聊"时，对他说："看一看你能想出在院子里干点什么？我看到一把铁铲、一些管道胶带和破旧的浇花软管。去痛快玩一场吧！"

我听一位朋友讲过诺贝尔物理学奖获得者理查德·费曼（Richard Feynman）的故事，这个故事很好地证明了我们的观点。我的朋友在她 14 岁左右见过费曼，她问费曼是怎么变得这么聪明的。费曼说这很简单。费曼的父母从他 4 岁起就常常锁着家门，让他待在后院。后院是个废物堆积场。年幼的费曼会在那儿摆弄废弃的机器和马达，后来甚至开始修理钟表。无聊和没事找事做让他接触到各种心智挑战，增长了智慧，最终成长为近几十年来最杰出的"头脑"之一。当然，我们不是提倡把孩子锁在屋外或放任他们在废物堆里玩耍，我们也不能保证这样做就能培养出诺贝尔奖获得者。我们鼓励父母给孩子足够的空间和自由的时间去探索世界。

THE YES BRAIN
如何让孩子自觉又主动

这符合美国国家航空航天局和喷气推进实验室（Jet Propulsion Laboratory）新提出的招募要求。以前的招募要求应聘者是名校的优秀毕业生，但实验室渐渐发现这些优秀毕业生不一定善于解决问题。他们学会了如何掌握学术体系，获得了很多学术荣誉，注重"在框架内操作"，在防御式大脑的文化中表现良好；但他们并不一定善于找到独创的方法来解开困局。因此这些机构在招人时开始重视童年期和青春期时动手能力很强的毕业生。他们小时候建造过东西，很会玩，这样的毕业生最擅长解决问题。

我们除了强调亲子关系很重要之外，还介绍了可以让你帮孩子建立平衡的另一种方法，那就是：**保护孩子的时间，让他们有大量的机会进行孩子主导的自由玩耍，让他们有时间进行探索和发现。通过玩耍和试错，培养重要的情绪、社交和技能。**如果把孩子的时间都排满，他们就失去了这样的机会。

自由玩耍发展平衡力

对今天的很多孩子来说，自由玩耍已经"濒临灭绝"，这绝不是夸大其词。在家里，自由玩耍时间被结构化的活动、课程和练习挤占。在学校，孩子的课业学习开始得越来越早，更多的教学聚焦于提高孩子掌握知识的能力及帮助孩子考出好成绩，留给孩子搭积木、捉迷藏和过家家的时间越来越少。此外，其他现代产品也在蚕食孩子的自由玩耍领地，比如媒体、电子产品等，它们在孩子的生活和头脑中渐渐占据了统治地位。

第 2 章
平衡力

这些竞争力量本质上不是有害的。但是当它们越来越多地替代了孩子的自由玩耍时，问题就出现了。玩耍对人类和其他哺乳动物的发展至关重要。神经学家雅克·潘克塞普（Jaak Panksepp）通过研究发现：即使老鼠的上层脑皮质功能不良，导致老鼠的记忆和学习等认知能力出现障碍，但它仍会玩耍。这说明，玩耍的需求和欲望是本能的，即使低等的哺乳动物也有这样的欲求，就像生存和社交的本能欲望一样，它涉及下层脑。下层脑的脑区会直接影响上层脑的脑区的发展，影响大脑的整合。斯图尔特·布朗（Stuart Brown）[①]对某监狱里的杀人犯进行了研究，研究发现这些杀人犯的童年有两个主要共同点：受到过某种形式的虐待；被剥夺了玩耍的权利。

以上研究没有证明把童年时光用在钢琴课、化学夏令营或课后辅导班上很重要，而是证明了玩耍是孩子的基本需求，要让孩子做回小孩。音乐、科学和学业当然很重要，但孩子也应该有看电视和玩耍的时间。我们当然不是反对孩子掌握技能，如果孩子对某方面特别热爱，父母当然应该支持他们追求自己热爱的事情；但是代价不应该是剥夺他们想象、探索和玩耍的机会。因为通过这些活动，孩子能获得成长、发展和对自我的认知。

自由玩耍是属于开放式大脑的活动。因为自由玩耍时，孩子是在不受评判或威胁的情况下，探索自己的想象，通过行为进行尝试和与他人

[①] 斯图尔特·布朗，医学博士、精神病医师和临床研究员，美国国家玩乐研究所的创建者。其著作《玩出好人生》的中文简体字版已由湛庐引进并策划出版。——编者注

互动。自由玩耍不同于有组织的体育运动，两者在儿童的生活中发挥着不同的作用。体育运动中有规则和共同的体制，通常一方会赢，另一方会输，这常常带来对错的评判。而自由玩耍会解放孩子，让他们探索自己的想象。

玩耍是人类原始的需求，代表了人类特征固有的一部分。最近的研究反复证明了这一点。例如有研究显示人们本能地认为玩耍能减小压力。无论在成功富有的社区和学校，还是在生活艰难的贫困社区和学校，我们都能看到这个结果。还有一些令人吃惊的其他发现。例如，有研究发现玩积木能促进婴儿的语言发展。还有，幼儿园里的一些孩子玩耍，另一些孩子听老师读书，和听老师读书的孩子比起来，玩耍的孩子较少出现焦虑不安，能够比较平静地忍受和父母的分离。从情绪调节的角度来看，玩耍这种简单的行为起到了稳定情绪的作用。

有人认为，孩子玩耍的时候只是在消磨时间或找乐子，虽然这也是有益的，但他们没有"做成"任何事情，这不会让他们变得更聪明。然而，关于玩耍的科学研究证明，除了开心之外，玩耍还有其他无数好处，包括认知方面的和非认知方面的。**玩耍是孩子的工作。它能发展认知能力，提高语言能力和问题解决能力，还能促进其他执行能力，比如计划、预测及适应能力。**这些都是开放式大脑的能力。

玩耍还能促进大脑整合。当孩子玩耍的时候，他们的社交能力、人际关系能力，甚至语言表达能力都会提高。因为在玩耍中，他们必须商议游戏策略，决定游戏或团队的规则，这些规则可能是明确的，也可能是暗示性的。孩子必须想办法参与玩耍。当事情不顺利时，孩子需要和别人谈判，他们在玩耍中学到了公平、秩序、灵活和道德（见图2-9）。

第 2 章
平衡力

在决定如何对待被冷落的小朋友时,他们还学会了面对共情困境。

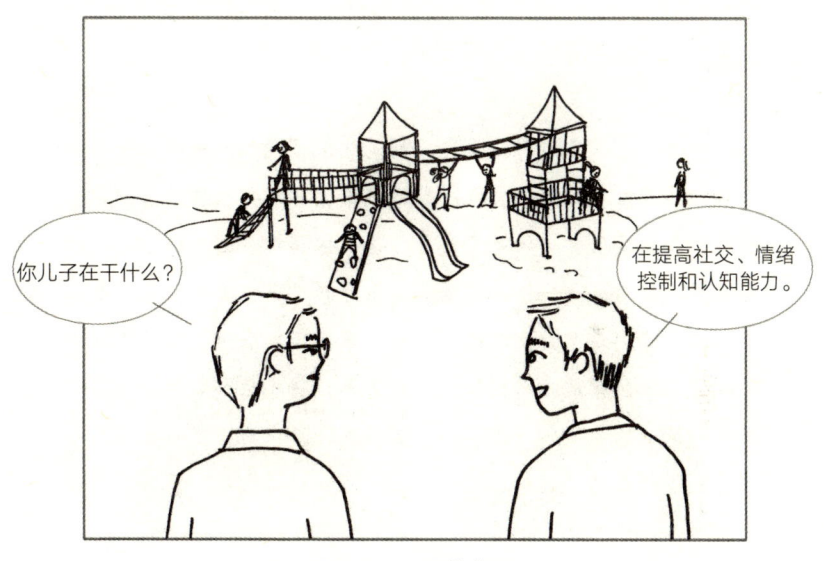

图 2-9 玩耍的作用

除了提升社交能力之外,玩耍还有益于孩子的心理和情绪的平衡,有助于发展平衡的大脑。在玩耍的时候,孩子会练习各种开放式大脑的品质,比如应对失望、保持注意力、理解周围世界等。孩子在玩耍中尝试各种角色,战胜恐惧和无助感。他们建立情绪平衡、培养复原力和抗挫能力。以上都是因为我们允许他们自由玩耍。

061

测一测孩子日程的平衡度

当我们和父母们谈起玩耍、自由时间和平衡安排日程的重要性时,父母们常常会问到我们在这个问题上是怎么处理的。

蒂娜在生孩子之前就决定,如果她做了妈妈,她的孩子一次只参加一项活动。蒂娜听说过日程安排太满对孩子的危害,也了解参加太多活动会导致孩子疲劳,甚至被压垮。这些孩子没有时间和家人相处,他们精疲力竭,甚至开始讨厌父母想让他们参加的任何活动。蒂娜对此很理解,所以她宣布如果她的孩子想上舞蹈课,那么在舞蹈班课程结束前,不再让孩子参加其他活动。如果她的孩子想参加体育比赛,那么在赛季结束前,不再让他们参加其他任何活动。她不想把孩子的日程安排得太满。当时,蒂娜是假想孩子的理想父母。

后来,蒂娜的长子出生了。她发现儿子兴趣爱好广泛,且机会众多。蒂娜很快意识到一次一项活动的承诺会经受艰巨的考验。她和丈夫都希望儿子学钢琴,儿子自己还想和朋友一起参加童子军。除此之外,儿子还热爱体育运动,他想参加每一季的每一项体育运动。

钢琴、童子军、体育运动,还有和朋友玩耍、作业、与家人外出,怎么能把它们都安排进日程?他还只是蒂娜的第一个孩子。现在蒂娜已经有了3个孩子,每个孩子都有自己的爱好!

丹尼尔在安排孩子日程上也遇到过类似的问题,在各种音乐

第2章
平衡力

表演和排球比赛中度过了很多忙碌的夜晚和下午。虽然养育孩子时难免出现这种情况，但孩子们有如此多宝贵而有趣的选择让我们心怀感恩。不过，多少算太多呢？

归根结底还是要考虑平衡和尊重个体差异。很多家庭确实存在把孩子的日程安排得过满的问题，但也有些家庭的问题是安排的活动太少，比如让孩子一天看好几个小时的电视。我们两家的孩子上的都是对学业要求较高的学校，参加的活动也非常多。我们有时也担心孩子的事情太多了。我们花了好些年尝试让孩子的兴趣爱好实现健康的平衡，但我们也必须考虑现实和合理性。一般来说，孩子都喜欢活跃的生活，只要这样做是健康的。而且，只要父母给孩子留出了自由时间，没有让全家人围着孩子的活动日程团团转，那就应该让孩子发展他们的爱好，参加他们喜欢的趣味活动。

那么，如何达到健康的开放式大脑平衡？当父母找我们咨询时，我们会鼓励他们问问自己以下问题：

1. 我的孩子经常看起来很疲惫或脾气暴躁吗？
   有没有表现出其他不平衡的迹象，比如焦虑或充满压力？我的孩子是否心力交瘁？
2. 我的孩子是否太忙，没时间玩，没时间发挥创造力？
3. 我的孩子睡眠充足吗？
   如果孩子参加了太多活动，到了上床时间才开始写作业，那就成问题了。

4. 孩子的日程安排得太满,以至于没时间和朋友或兄弟姐妹一起玩吗?
5. 我们是否太忙,很少在一起吃晚饭?
   不必每顿饭都一起吃,但如果很少一起吃饭,那就需要担心了。
6. 有没有总对孩子说"快点,快点"?
7. 我自己是不是太忙,压力太大?
8. 我和孩子互动时是不是经常不用心,不耐烦?

如果对以上任何一个问题的回答是肯定的,你就需要思考一下了。如果肯定的回答超过一个,那我们建议你要认真考虑给孩子安排的事情是不是太多了。

相反,如果孩子没有任何日程安排过满的迹象,你就不需要过于担心这个问题。很有可能你的孩子既活跃,又快乐,还获得了成长。也可能是你已经找到了孩子的健康平衡点,使孩子开放式大脑能得到发展壮大。记住,每个孩子都不一样,每个孩子都有不同的需求,对生活节奏的忍受限度也都不同。所以,尊重每个孩子的独特性很重要。

你能做什么:用开放式大脑策略促进平衡力

开放式大脑策略 1:科学睡眠

我们发现美国国民长期睡眠不足,也发现很多年轻人患有焦虑症和抑郁症,这两种疾病的很多症状会因为长期睡眠不足而变得更严重。父母和学校出于好心，想把孩子的生活安排得尽可能丰富多彩，结果占用了他们的睡眠时间。除了给孩子安排和学业有关的活动之外，父母还会想方设法让孩子有玩乐的时间，有和家人共处的时间，却导致上床睡觉的时间一再往后推迟，牺牲了最重要的睡眠时间。

睡眠时间减少是个大问题，因为睡眠对大脑和身体的平衡很重要。新的睡眠观认为，为了清除神经元在白天放电产生的毒素，必须保证充足的睡眠，这样我们才能头脑清醒、精神抖擞地开始新的一天。大脑健康离不开睡眠。没有充足的睡眠，各种大脑和身体机能都会受损，比如专注力、记忆力、学习、保持耐心和灵活性的能力，甚至我们吃进去的食物都得不到正常的加工。

儿童比成年人需要更多的睡眠。美国睡眠医学会（American Academy of Sleep Medicine）公布了各个年龄段的建议睡眠时间，这份建议也得到了美国儿科学会（American Academy of Pediatrics）的认可。

表 2-1 孩子需要多少睡眠

年龄	建议睡眠时间（小时）
4～12 个月	12～16（包括小睡）
1～2 岁	11～14（包括小睡）
3～5 岁	10～13（包括小睡）
6～12 岁	9～12
13～18 岁	8～10

注：表中数据只是建议。每个孩子都不一样，每个人对睡眠的需求也不一样。

如果没有充足的睡眠，孩子的绿色区和容忍窗就会缩小，使他们更容易情绪反复无常，自我调节能力和解决问题的能力会减弱。

当孩子睡眠不足时，他们更容易冲动，更容易失去平衡，更缺乏复原力。这就是为什么当孩子提出去朋友家过夜的要求时，你会隐隐担心潜伏其后的暴躁脾气。父母大多都有这样的经历，就是周六或周日下午孩子非常疲惫，变得很容易生气，要么处于蓝色区，要么处于红色区。

但是导致孩子出现睡眠问题和进入蓝色区或红色区的原因不只是去朋友家过夜，还有以下5种干扰睡眠的因素。

1. 安排太满的日程表。

    想一想是否活动太多而导致孩子的上床时间推迟，侵占了孩子的睡觉时间。

2. 混乱或嘈杂的环境。

    家里或邻居一直太吵，或者同屋的兄弟姐妹上床睡觉的时间不同，会让父母很难保证孩子的睡眠。而且，这些环境可能不容易改变。在这种情况下，你需要发挥一些创意，比如：设法挡住光线，等孩子睡着后再抱回他们自己的房间，或者用白噪声盖过其他声音。

3. 父母的工作时间。

    如果父母不能按时回家吃晚饭，只能很晚的时候辅导孩子作业，那孩子的睡眠肯定会受影响。如果没法改变回家晚的状况，你就需要发挥创意。比如可以让兄弟姐妹或邻居帮忙辅导功课；或者让孩子先吃饭，晚下班的父母先给孩子讲睡前故事，讲完再吃晚饭。每个家庭都需要找到最适合他们的方式。

4. **临睡前的较量。**

   如果睡觉前的氛围像打仗一样让人紧张、愤怒或恐惧，那么大脑就会把消极情绪和睡觉、睡前程序联系起来，因此孩子常常会变得更加抗拒。相反，我们应该创建和睡觉相关的积极联系，这样孩子会认为睡觉是安全的、放松的甚至是亲密的，而不是紧张的斗争。你可能需要把睡前程序设计得更长些，让孩子有时间读书、依偎在父母身边，享受当下。重视联结会让孩子更快、更平静地入睡，这样父母能有更多的时间留给自己，而不会和孩子长时间较劲。

5. **没有足够的"减速"时间。**

   我们对孩子的了解越多，就越知道满足个体的神经系统需求有多重要。说到睡觉，父母尤其需要给孩子一段时间让他们的身体和神经系统安定下来。我们不是直接从清醒到熟睡，而是存在一个"减速"的过程。在这个过程中，神经系统的活动开始放慢，使我们逐渐入睡。我们需要让孩子的大脑做好准备，给它时间过渡到较慢、较低的身体唤醒状态，这样孩子才能入睡。

睡眠与平衡之间的关系当然不仅适用于孩子。想一想你自己的经历。当你睡眠不足时，你的大脑是否会不平衡？你是否变得不太耐心，不太能调节自己的情绪？区别在于，成年人经过多年的练习，即使在疲劳时也能自我控制。虽然我们并不总擅长控制，但是我们的大脑已经得到了充分发展，而且有更多的机会改善相关脑区。**成年人更了解自己的缺点，当睡眠不足时，我们能更好地控制自己。然而，睡眠不足的孩子**

很快就会进入红色区或蓝色区，他们还没有充分发展出像我们那样能控制自己回到绿色区的能力。所以，你要想办法让孩子晚上尽量多睡觉，这样他们的情绪能更平衡，能更好地调节自己的行为。

开放式大脑策略2："心智营养餐"

2011年6月，美国农业部用健康膳食餐盘取代了食物营养金字塔，前者更形象地展示了健康的食物选择。餐盘里摆放着水果、蔬菜、蛋白质、谷物和奶制品，提醒我们若要身体健康，每日推荐饮食包含哪些食物。

谈到帮助孩子建立健康的心理与情绪平衡，要想获得强大而平衡的大脑，其"每日推荐饮食"是什么呢？什么体验能促进整合，帮助我们连接大脑的各个部分，连接家庭成员和社区，既尊重个体差异又促进彼此之间的联结？

为了解答这些问题，丹尼尔联合组织咨询界的领导者戴维·罗克（David Rock）提出心智营养餐（Healthy Mind Platter），其中包括7种日常心智活动（见图2-10）。它们能改善大脑，建立平衡并产生幸福感。

1. 专注时间。
   当我们为实现目标而专心致志时，我们在努力构建大脑中的深层联结。
2. 玩耍时间。
   当我们随性而富有创意，顽皮地感受新体验时，我们在构建大脑中的新联结。

第 2 章
平衡力

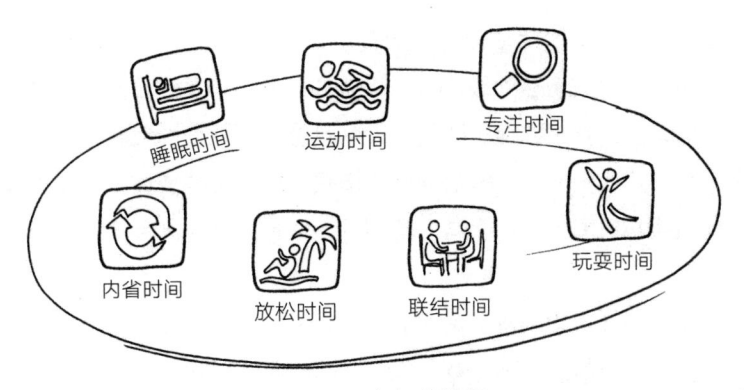

图 2-10　心智营养餐

3. **联结时间**。

   当我们和他人面对面交往时,当我们欣赏大自然,感受与大自然的联系时,我们在激活和加强大脑中的关系回路。

4. **运动时间**。

   当我们运动时,尤其是进行有氧运动时,大脑的很多方面会得到强化。

5. **内省时间**。

   当我们静静地内省,聚焦于自己的感觉、想法、情感时,大脑会得到更好的整合。

6. **放松时间**。

   当我们没有明确的目标,思绪漫无目的地游荡,或者只是放松时,我们在帮助大脑充电。

7. **睡眠时间**。

   当大脑得到它所需的休息时,我们在巩固白天学到的东西,让大脑得到恢复。

这7种日常心智活动构成了全套"心智营养餐",这是让大脑功能达到最佳,人际关系达到最佳状态所需的营养。每天给孩子提供进行这些活动的机会,就是在促进他们的大脑整合,使他们的大脑能够实现协调和平衡。这些重要的心智活动能够增强大脑内部的连接,增强人际网络,增强他与周围世界的联结。长期过多或过少进行某种活动都会引起问题。

因此,促进平衡的第2条开放式大脑策略是:保证孩子的日常安排里有心智营养餐中的各种成分。例如,孩子在学校里已经有了大量的专注时间、玩耍时间和联结时间;上舞蹈课或体育课时,他们享受了运动时间。但当查看一周的日程安排时,你可能会发现孩子没有足够的放松时间或内省时间,或者睡眠时间不足。

或许你有一个擅长内省的孩子,他在很多时候都会安静地待着,享受大量的内省时间。但是,他可能需要更多的运动时间或联结时间,和朋友们玩一玩或和家人一起吃饭。

或许你太强调学业成绩,让孩子付出了过多专注时间,很难在其他活动上投入应有的时间。各科都能拿A,各项作业都能做得完美的孩子很少。如果你对孩子学业优秀和成就的强调超过其他一切,那孩子永远会觉得他做的任何事都不够好。儿童心理学家兼作家迈克尔·汤普森(Michael Thompson)说他听很多儿童和少年说过,父母对成绩的关心胜过对他们的关心。越来越多父母的关注点是目的地,而不是成长过程;更强调结果,而不是努力。难怪我们看到很多青少年变得越来越焦虑,越来越抑郁,甚至无法借助亲密关系来缓解这些情绪。

第 2 章
平衡力

除了给出睡眠的建议时间以外，我们对心智营养餐中的其他活动都没有给出具体的时间建议。之所以没有健康心智的明确"食谱"，是因为每个人都不一样，而且需求会随年龄变化而改变。心智营养餐的重要意义在于让父母了解全部有益心智的活动，认识到它们就像身体所需的基础营养物质，并尽可能保证孩子的心智饮食中有适当的成分，至少每天都有一点。就像我们不希望孩子连续几天都只吃比萨一样，我们也不应该只给他们安排专注活动的时间，而导致睡觉时间减少。关键是一天中对这些重要心智活动的安排要平衡。平衡和心智健康都是为了加强我们和他人及周围世界的联结，加强大脑内部的联结。

我们意识到真正追求孩子生活中的平衡会让人感到有点不放心。有时很难不随大流，削减课外辅导班，完全相信过程的重要性，允许孩子按自己的方向发展，这会让我们觉得不踏实。但也要尝试着让自己超越狭隘的成功的定义，和孩子的学校谈一谈作业负担，停止对所谓的"成功"的孜孜以求，采取对孩子、对家庭最好的做法。

最好的做法就是给孩子一盘健康的"心智营养餐"。当我们把注意力放到这盘"心智营养餐"中的各种活动上时，就为大脑提供了以不同方式获得发展的机会。父母平衡地将时间花在玩耍、工作、反思或联结上，才能给孩子传授和培养能力。为每种活动都合理安排时间不仅能通过多样的心智活动为大脑神经元提供放电和形成联结的机会，而且能让孩子了解平衡的节奏和感觉。我们应该始终把有益健康的"心智营养餐"放在心上，并且把它传授给孩子，这会让孩子产生对平衡和心智健康的"食欲"。

THE YES BRAIN
如何让孩子自觉又主动

亲子互动　教给孩子平衡力

我们可以把平衡的理念教给孩子。和孩子聊一聊平衡力和开放式大脑状态，有助于他们理解心理、情绪健康的基本概念。孩子对平衡的重要性理解得越深，当他们失去平衡时，就越能很好地表达出来。

你可以和孩子一起读"亲子互动"部分，这有助于你把开放式大脑的理念传授给他们。"亲子互动"主要为5～9岁的孩子设计，你还可以根据孩子的年龄和发展阶段对内容进行调整。

感受自己的情绪

01

| 红色区 |
| 绿色区 |
| 蓝色区 |

你知道当一切正常，你能很好地控制自己时，你有什么感觉。我们把这称为"绿色区"。

02

| 红色区 |
| 绿色区 |
| 蓝色区 |

但是有时你会心烦意乱，会很生气、害怕或紧张。你想大叫，你想大哭。我们把这称为"红色区"。

第 2 章
平衡力

03

或许当你心烦意乱时，想一个人待着，谁也不理。你可能感到身体像面条一样软弱无力。我们把这称为"蓝色区"。

04

有个简单的办法可以帮助你回到绿色区。坐下来，把一只手放在胸口，另一只手放在腹部，然后深呼吸。现在就试一试。感觉一下，是不是平静一些了？

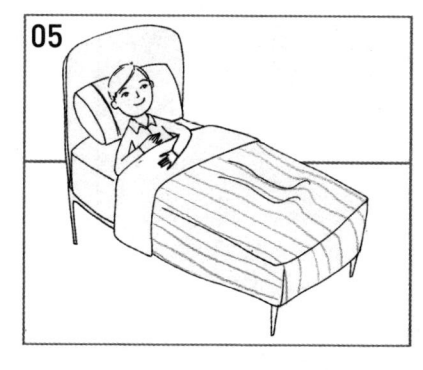

05

今天晚上，当你觉得困了，眼皮发沉，身体开始放松时，再一次练习这种方法。以后每天晚上睡觉前都练习这种方法，感受它带给你的平静。

THE YES BRAIN
如何让孩子自觉又主动

重回绿色区的练习

01

02

在学校里，当朋友不邀请奥利维亚一起玩时，她就会采用这种方法。被冷落让人很难过，她觉得自己进入了蓝色区。她开始哭，希望自己能消失。

奥利维亚意识到这是蓝色区的感觉。她把一只手放在胸口，另一只手放在腹部，深呼吸。她立即觉得好多了，重新回到了绿色区。她依然有一点难过，但她知道自己会没事。

03

当你感觉难过、愤怒或害怕时，试一试这种方法。通过练习，每当你需要时，你都可以运用这种方法重新回到绿色区。

父母成长 | 如何提升自己的平衡力

现在花点时间思考一下你自己在生活中的平衡感，以下 3 个问题有助于你了解自己的平衡感。你可以把你的回答写下来，也可以和其他父母聊一聊这些问题对你有什么影响。

1. 思考你自己的绿色区。

   你是否容易偏离绿色区，从红色或蓝色区重新回到绿色区对你来说有多困难？你可以从多个方面思考这些问题，但请主要从教养孩子的角度去考虑。你大多数时候处于绿色区、红色区还是蓝色区？

2. 思考你在亲子关系中的整合程度。

   你是否过度区分，缺乏联结，使孩子不得不在情感上自己照料自己？你是否过度联结，缺乏区分，导致卷入太深？你处于整合平衡点的时间比例有多少？处在平衡点时，一方面你了解孩子的情绪，能提供支持；另一方面你给他留出了保持个性化的空间。

3. 你的"心智营养餐"是否健康？

   参考图 2-10 的"心智营养餐"，思考自己的日程安排，以及你的时间和精力是如何分配的。

现在花几分钟时间画出你自己的心智餐盘，想一想你的大部分时间是怎么过的。画一个圆，像饼图一样把它分成 24 份，代表一天中的 24 个小时。标出一天中分别用于睡觉、运动和人际交往等活动的时间（见

图 2-11）。

请依据现实情况，想一想哪项有益健康的心智活动总是被你忽视。作为父母，我们的现实状况使我们的时间安排不太容易符合健康的标准，当孩子年幼时尤其如此。在这种情况下，你连找时间吃饭、上厕所都困难，更不用说保证充足的睡眠、找时间反思或者画出时间分配图了。对此，我们非常理解，我们也有过同样的经历。

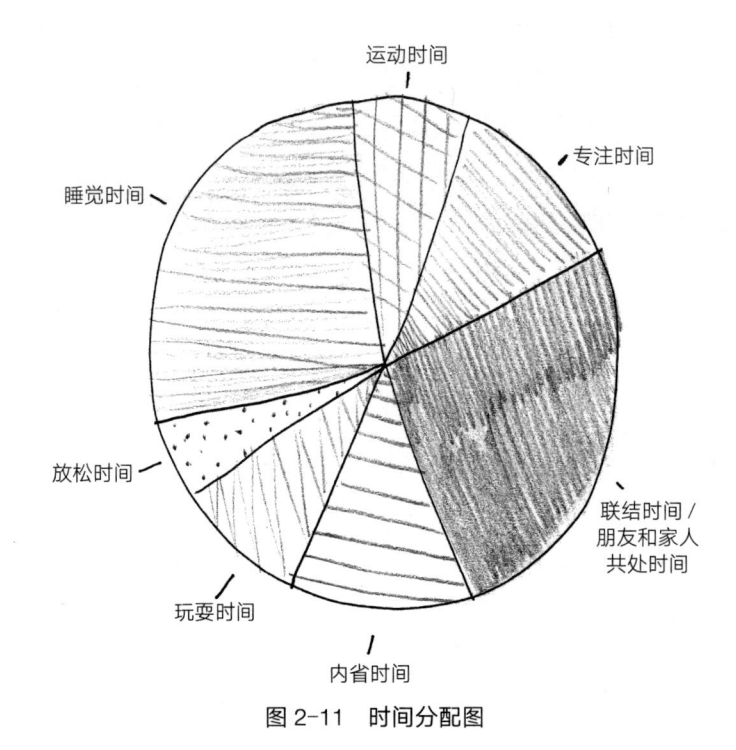

图 2-11 时间分配图

第 2 章
平衡力

无论如何,评估你的生活平衡程度一定是有帮助的,无论目前看来这是多么不现实。了解自己缺失什么,无论是睡眠、锻炼、内省、放松,还是其他活动,都能对个人目前未得到满足的需求有所认识,至少为你提供了思考未来如何更好地满足它们的机会。我们的平衡对保持我们绿色区的稳定至关重要,这样在孩子有需要的时候,我们才能提供帮助。

> 我们的平衡对保持我们绿色区的稳定至关重要,这样在孩子有需要的时候,我们才能提供帮助。

在你照料孩子,为他们的健康和发展负责的同时,要实现大脑的平衡绝非易事。但是,你越努力地追求平衡,塑造自己的开放式大脑,就越有能力帮助孩子获得平衡并塑造他的开放式大脑。

第 3 章

THE YES BRAIN

复原力
热爱挑战,百折不挠

第3章
复原力

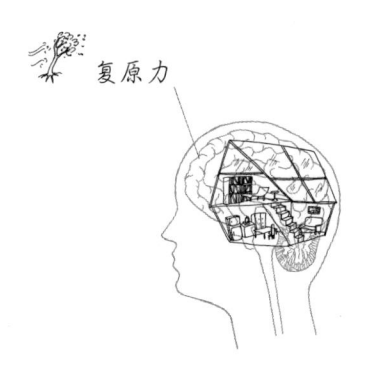

复原力

9岁的爱莲娜，是个聪明的孩子。虽然她很有天赋和才能，但一直受焦虑困扰。似乎一切都让爱莲娜担心：学校的考试、社交、全球变暖、妈妈会不会死掉或她的天竺鼠的健康等。后来，爱莲娜焦虑越来越严重，发展为惊恐发作，甚至影响了正常的活动，给她造成了很大痛苦。而且，爱莲娜还存在长期的健康问题，有专家说她的健康问题完全是由心理原因导致的。于是，父母带爱莲娜来找蒂娜。

在蒂娜逐渐了解爱莲娜的过程中，她发现这个孩子天生小心谨慎，有完美主义的倾向。生活中的大多数事情都会让爱莲娜焦虑。蒂娜发现了爱莲娜的焦虑是呈螺旋式递增的。在遇到挑战时，爱莲娜会把注意力集中在挑战上，但没办法应对它，然后会因此感到担忧。例如，有一天她上学忘了带午餐，她担心朋友们吃午饭时她会尴尬，又担心下午会因为太饿而影响上课，从而导致下次考试可能考不好。就这样，她的焦虑变得越来越严重。当惊恐发作时，爱莲娜会躲到学校的卫生间里。就像爱莲娜的很多担忧一样，忘带午餐这件事引发了焦虑的螺旋式递增，让她越来越惊恐失措。这种焦虑状态会形成防御式大脑，这种神经元的放电模式导致爱莲娜每次面对障碍或小挫败时，都会被吓呆，而无法采取任何应对措施。

THE YES BRAIN
如何让孩子自觉又主动

在本章中，我们会再次探讨爱莲娜的故事，讲解蒂娜的方法是如何帮助爱莲娜恢复整合的大脑和开放式大脑的状态。在此之前，我们要先介绍开放式大脑的第二大基本特质——复原力。

在第 2 章中，我们探讨了平衡力的重要性，帮助孩子提升平衡力，让他们保持平衡能使他们更好地待在绿色区。本章我们将探讨如何培养孩子的复原力，这不仅关系到保持在绿色区，而且关系到扩展和加强绿色区。孩子对艰难困苦和不良情绪的容忍窗越宽，面对逆境时就越坚忍，就越勇于主动迎接挑战。这样的孩子遇到事情不顺利时，才不会崩溃。**复原力与重回绿色区有关，它代表恢复的能力，从混乱或刻板状态恢复到容忍窗内的平衡状态。**

在防御式大脑的状态下，孩子会感到恐惧，会做出下意识反应。未知令他们胆怯，无法控制好自己的身体和情绪，无法做出明智的决定。我们希望培养孩子的复原力，希望他们知道自己具备从失败中振作的能力或能学会应对逆境的技能。这样，他们就能够充分体验到真实而持久的成功。无论是面对像爱莲娜那样的担忧、焦虑，还是面对这个充满压力、快节奏、高期待和意外的世界里。

培养能力，而不是消除行为

让我们先思考一下：当孩子出现令人讨厌的行为时，最好的应对方式是什么？很多父母认为我们的目标是消除讨厌的行为，让这些行为停止或消失。但是，行为即沟通。孩子的行为问题其实是一个信号，是孩子在告诉我们："我需要获得相应的能力，现在我还做不好，我需要帮

第 3 章 复原力

助。"因此，当孩子的行为或情绪出现问题时，我们不应该仅仅关注消除不良行为或红色区的混乱、蓝色区的刻板，还应该判断孩子需要提升什么能力，学习什么技能，才能在下次更好地应对（见图 3-1）。我们当然想减少有问题的行为，所有的父母都想。毕竟每次孩子失控时，他们，我们，整个家都不好过。但是，如果想帮助孩子发展开放式大脑，我们就需要把更多的注意力放到培养能力上，而不是专注于消除有问题的行为。这样，孩子才能学会如何依靠自己重回绿色区。

> 当孩子的行为或情绪出问题时，我们不应该仅仅关注消除不良行为或红色区的混乱、蓝色区的刻板，还应该判断孩子需要提升什么能力，学习什么技能，才能在下次更好地应对。

我们越帮助孩子培养保持在绿色区及自主重回绿色区的能力，他们就越能处于平静愉悦的状态，从而让他们的生活和全家人的生活更快乐。这就是希腊语所说的"圆满丰盈的幸福"中的平和。平和并不表示总是很平静，而是指学会运用技巧去灵活驾驭情绪的巨浪。如果跌倒，能知道如何重新爬上冲浪板，继续冲浪。复原力是我们给孩子的礼物，它取之不尽，用之不竭。诚如古人言："授人以鱼，不如授人以渔。"

不要试图消除不良行为

培养能力，获得复原力和幸福

图 3-1 应对孩子的行为问题

第 3 章
复原力

一位妈妈用"行为即沟通"的理念，巧妙地处理了她4岁的儿子杰克身上出现的问题。

老师打电话告诉这位妈妈，杰克经常和同学发生冲突。当孩子们在操场上玩球时，等着轮到他的等待过程会让杰克很不耐烦，他会拿起球，把它扔过围栏，扔到街道上。当孩子们玩捉迷藏时，如果杰克被发现了，他就会变得气哼哼的，甚至出现攻击行为。

如果杰克妈妈从消除不良行为的角度看待这个问题，她会用奖励或惩罚来避免杰克做出如此冲动和敌对的行为。这是父母和老师们经常采用的方法：用纯粹的行为方法来消灭不良行为，比如奖励小贴画或者其他胡萝卜加大棒的奖惩方法。

然而，杰克妈妈选择了从开放式大脑的角度来看待这件事。她认识到杰克的行为正好指出了他缺乏的技能：他不擅长分享和等待，甚至不知道如何做一个输得起的运动员。这并不代表着杰克是个坏孩子，也不代表他有问题，只意味着杰克妈妈需要设法让杰克练习等待，练习并提升友好地和别人一起玩的能力。杰克妈妈和他的老师聊了聊，他们一起想出了一些简单而快速的练习方法。比如：让杰克参与计划活动；在角色扮演游戏中让他等待轮到他扮老师；让杰克编关于分享和轮流玩娃娃的故事，可以用"能帮我教蝙蝠侠如何和朋友分享吗"的问题式引导。

THE YES BRAIN
如何让孩子自觉又主动

不是只关注消除问题行为

> 露营没什么好担心的，你已经长大了。

把行为视作一种沟通，注重培养能力

> 我知道这让人害怕。咱们来计划一下，先让你到爷爷家住几晚，为离开家做些练习怎么样？

图 3-2　行为是一种沟通方式

第 3 章
复原力

这种方法对大一些的孩子也有效。如果你 11 岁的女儿想和朋友去露营，但又害怕在外面过夜，这说明对于忍受和你的分离，她还需要获得一些技能。为了培养她在这方面的复原力，你可以让她先试着到朋友家或爷爷奶奶家住几天。而防御式大脑的做法是，你对她说："露营没什么好担心的，你已经长大了。"（见图 3-2）但事实就是，她确实很担心，她觉得自己还不够大。这种方法的问题在于，否认了她的真实情感，让她感到困惑，甚至对自己理解内在线索的能力产生了怀疑，而且也并没有让她感觉好起来。这种回应反而让孩子错失了培养复原力的机会。

当我们把孩子的行为看成是沟通的信号，我们就能了解到他们需要培养和发展的技能和策略，我们的回应才能更有目的性，更有共情力，也更有效。那是因为这种视角让我们看到孩子需要我们的帮助，他们只是遇到了困难，而不是在发泄情绪，给我们找麻烦。认定孩子在找麻烦的思维方式会摧毁基于信任的亲子关系。在基于信任的亲子关系中，我们培养孩子的能力，允许孩子循序渐进地发展，孩子的大脑中会形成能产生复原力的神经联结，帮助他们成长为体验丰富、快乐和有意义的人。

扩展绿色区

让我们思考一下发展复原力的实际意义是什么。复原力使人能智慧地应对生活中的挑战，并头脑清醒、充满力量地克服它们。这就是接纳性和反应性的对比：反应性阻碍复原力，接纳性提升复原力。因此，如

THE YES BRAIN
如何让孩子自觉又主动

果你想帮助孩子以健康、成熟的方式应对挑战，首先要做的就是帮助他们培养接纳性。

反应性的孩子受制于所处的环境，他们所能做的就是下意识地做出反应，而接纳性使他们能观察和评估环境，前瞻性地做出反应。孩子可以选择如何回应，选择有目的、有策略的行为，而不是不经过思考就下意识做出反应。这就是处在绿色区中的反应。

这就是为什么我们说我们的短期目标是帮助孩子变得更平衡，当他们心烦意乱时，帮助他们停留在绿色区里。孩子在绿色区里具有接纳性，他们的学习回路是活跃的，这意味着他们能思考、倾听和理解，学会做出明智的决定，考虑后果，考虑他人的感受。因为平衡，所以他们在感受强烈情绪的同时依然可以保持思维清晰，采用合作的沟通态度。处于绿色区的孩子也会情绪激动，但依然能保持平衡，因此也比较容易调动他们的上层脑。发展良好的上层脑和牢固又宽阔的绿色区是以平衡视角面对挫败和逆境的关键。

因此，我们的长期目标是扩大绿色区（见图3-3）。复原力就来自这里。

> 短期目标：让孩子变得更平衡，回到绿色区。
> 长期目标：扩大绿色区，培养复原力。

我们希望扩宽孩子对困难的容忍窗，这样他们应对困苦和逆境的能力会增强。狭窄的绿色区会让孩子更容易、更频繁地变得混乱或刻板，程度也更严重。我们的目标不是完全避免孩子进入红色区或蓝色区。偶尔进入红色区或蓝色区是必要且重要的，比如遇到危险或其他威胁，需要我们为了生存而做出适应性反应时。但是，我们希望孩子能越来越准确地判断什么时候适合偏离绿色区，除此之外都生活平静，头脑清醒。这就是扩大绿色区的意思。

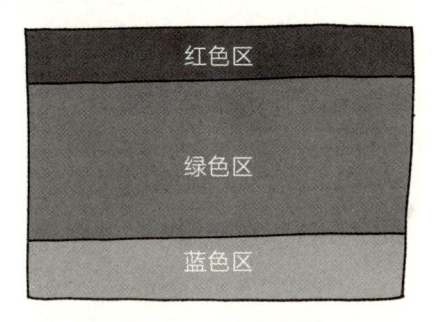

图 3-3　扩大绿色区

扩宽容忍窗包括：允许孩子面对逆境，感受到失望和其他消极情绪，甚至遭遇失败。这样他们才能变得坚忍，不惧挑战。如果你读过我们写的其他书，你会知道我们坚信给孩子设置边界，帮助他们学会如何应对逆境非常重要。发展坚忍的开放式大脑很重要的一部分是，让孩子明白艰难困苦是不可避免的。我们不应该保护他们避开那些令人痛苦的情绪或处境，而应该陪伴他们度过，并帮助他们培养复原力，从挫败中学习并成长。让孩子即使在狂暴的情绪中也能做出明智的决定。我们希望孩子内化我们的话："有我陪着你。我知道这很难，但你能做到。我会支持你。"我们帮孩子扩大绿色区的方法是：慈爱地教导他们，使他们能承受住挫折和失败，变得更强大、更聪明。

> **扩宽容忍窗包括：**允许孩子面对逆境，感受失望和其他消极情绪，甚至遭遇失败。
> **帮孩子扩大绿色区的方法：**慈爱地教导他们，使他们能承受住挫折和失败，变得更强大、更聪明。

扩大绿色区与父母的一些简单行为有关，也可能涉及复杂的或令人痛苦的情境（见图3-4）。

你告诉7岁的孩子，他心爱的宠物死了。接下来你要做的是陪他坐着，抱着他，让他哭泣，倾听他诉说宠物的种种可爱。

当12岁女儿的好朋友告诉她，不再欢迎她一起吃午饭时，你必须克制自己给那些孩子的家长或学校老师打电话的冲动，而应该陪着女儿体验她之前从未体验过的痛苦，让她知道你爱她，支持她，然后设法帮助她解决问题。

有时候我们必须允许孩子遭遇挫折，甚至失败，而不是过度保护或立即出手相助，让他们失去这些培养复原力的宝贵机会。在这样的时刻，当我们在情感上陪伴孩子，安慰他们，不只会扩大他们的绿色区，还会让他们懂得，虽然情况艰难，但他们可以应对，可以重新振作。当孩子再次遇到困难时，被激活的记忆会是自己迎接挑战并战胜它们的经历。

第 3 章
复原力

图 3-4　扩大绿色区的方法

THE YES BRAIN
如何让孩子自觉又主动

推一把，拉一把

当我们和父母们谈扩大绿色区时，父母们总会这样问："你们说得没错，但我如何知道什么时候应该让孩子苦苦挣扎，什么时候应该帮一把呢？"

针对这个问题，蒂娜的一名学生总结出了"推一把"和"拉一把"的方法。

有时候我们需要让孩子面对挑战，让他们超越自己。我们需要去掉孩子给自己包裹的"气泡膜"，让他们冒险面对不曾面对的环境和挑战。推一把是指鞭策孩子，挑战他们的能力极限，培养他们的力量、复原力和坚忍精神。这是扩大绿色区的方法，也是让孩子练习走出舒适区的方法。当我们介入，帮助孩子解决一个他们自己能应付的问题时，就剥夺了他们学习如何解决难题或了解自己能力的机会。让孩子硬着头皮去找老师或自行解决同伴关系问题是非常有效的学习机会。给孩子机会，让他们练习使用自己的沟通方式和行事逻辑，他们会获益匪浅。

> 当我们介入，帮助孩子解决一个他们自己能应付的问题时，就剥夺了他们学习如何解决难题或了解自己能力的机会。

推一把意味着你能教孩子坚持自己的意见，让他明白，即使坚持立场或面对新挑战会让他感到紧张，也可以既不失礼貌又态度坚决。孩子会懂得事在人为。

第 3 章
复原力

但是，这只有在痛苦没有严重到超出孩子承受能力，让他们进入红色区或蓝色区的情况下才成立。如果在孩子准备好之前，我们推得太过，导致他们的神经系统感受到的痛苦太大，就会产生相反的效果。孩子会变得更害怕、更依赖，更不利于他们的绿色区扩大，甚至会导致绿色区缩小。因此，有些时候真的需要我们拉一把孩子。在他们面对的障碍太大，或者面临的是他们自己无法应对的挑战时，他们真的无法自己处理这些问题。

几家人一起在公园玩，你 3 岁的孩子不愿意和其他孩子坐在一起吃午饭。他或许还没准备好，需要你坐在旁边陪着他，直到他愿意加入其他人中间。你上三年级的孩子不敢自己睡觉。因为那天下午他被宣传牌上的图像吓到了，所以，他需要你陪着他，等他睡着再离开。你的孩子正上中学，他的历史老师布置了太多作业，他不得不放弃其他活动和睡眠。这时，你觉得有必要介入，了解更多详细情况。

如果一些事情超出了孩子的能力范围，我们不应该让他们独自应对。所以，当孩子面对他们无法独自应对的巨大挑战时，我们一定要给予大力支持。有时候我们需要推孩子一把，把他们推出舒适区。而有时候我们需要拉孩子一把，让他们知道我们在支持他们。

我们"推一把"可能让他们不舒服，但孩子会有一次飞跃。大脑是一台有联系功能的机器，它会把这种飞跃和积极情绪联系起来，比如"我做到了"或"还不算糟糕，竟然有点好玩"，还是和消极情绪联系

093

起来，使他们下次更不愿意尝试呢？如果你认为这是一次消极体验，对孩子来说压力太大，那么试着轻轻"拉一把"。你可以这样向着目标一点一点地前进。

我们如何才能实现童话故事里那金发女孩的平衡，在熊房子里找到既不太烫也不太凉的粥？如何能恰到好处？如何帮助孩子面对足够多的逆境，又不会超出他们的应对能力？我们什么时候应该推一把，什么时候应该拉一把？

这并不容易。我们为来咨询的父母提供的方法是建议他们问自己以下5个问题，来帮助自己判断孩子需要推一把还是拉一把（见图3-5）。

1. 分析孩子的性格和发展阶段，现在他需要什么？

    面对困难时，孩子会感到痛苦。在你看来微不足道的一小步，在孩子眼里就好像从悬崖上往下跳。孩子有时需要更多微小进步、更多练习、更多时间或更多帮助。所以，你应该留心孩子的反应及其表达出的迫切需要。通过孩子的言行举止了解他内在的感受，而不是你认为他应该有的感受。

2. 你清楚真正的问题是什么吗？

    什么因素导致你的孩子不愿面对障碍或不愿应对挑战？你可能以为孩子不敢在外面过夜是因为不愿离开你，但其实他是因为害怕尿床带来的难为情。你或许认为孩子对参加游泳队的消极态度是因为不想锻炼，不想费力气，但其实更多的是因为害怕穿着游泳衣出现在公共场合。和孩子谈一谈，搞清楚真实问题所在，然后你才能帮助他解决。

第 3 章
复原力

有时父母需要推一把

有时孩子需要拉一把

图 3-5　推一把和拉一把

3. 对于冒险和失败，你传递出怎样的信号？

作为成年人，你知道直面恐惧、愿意主动尝试和体会失败的重要性。你知道当我们陷入困境时，或当我们迈出一大步时，能够从中学到很多。你能意识到每个错误都是成长和了解自己的机会。但是，你是否把这个重要的人生经验传递给了孩子？你隐晦地或明确地传递了对冒险、小心谨慎、发散性思维和失败的什么态度呢？你是否无意中向孩子发出了要把每件事都做对或做得完美的信号，从而让孩子不敢突破常规？在你家里，错误会被看成是学习机会吗？

我们认识一位爸爸，每天他送 9 岁的儿子上学时都会对儿子说："今天冒个险吧！"这种话不一定适合每个孩子，但因为他儿子是个谨慎小心的男孩，所以，对于这个儿子来说，这样的信息能塑造他的开放式大脑。我们从冒险和错误中学习，才能再次冒险，再次尝试。开放式大脑能增长勇气，赋予我们力量，让我们认识到无论是在别人的帮助下，还是靠我们自己，我们永远能以开放的心态不断学习。

4. 你的孩子需要应对潜在失败的技能吗？

我们的目的不是保护孩子免受失败，而是帮助他们培养战胜逆境的能力。其中一种技能就是能认识到克服障碍是漫长成长过程的一部分。换言之，出现困难并不是你有问题。心理学家卡罗尔·德韦克（Carol Dweck）的"目前还"概念对孩子们非常有帮助。当孩子说"我做不到"或"我没准备好"时，让他们在"我"后面加上"目前还"。这是一种开放式的态度，具有巨大的力量，因为它来自开放式大脑的状态和成功的信念。这表达了相信只要他们愿意为成功做准备，坚持不懈，向着成功不断努力，他们就能取得成功。

第 3 章
复原力

5. 你是否给了孩子帮助他们重回绿色区并扩大绿色区的工具？

父母要帮助孩子培养的最重要的能力之一就是：当他们进入红色或蓝色区，让自己平静下来，重新获得控制的能力。前文中我们介绍过一种快速而有效的工具：让孩子把一只手放在胸口，另一只手放在腹部，进行深呼吸。这是一种安抚情绪的好方法。然后，他们就能做出应对挑战的更明智、更勇敢的决定。

当孩子遇到困难，你需要判断应该推一把还是拉一把时，思考以上问题有助于你更了解孩子的发展情况以及你自身的状况。你自身的状况不仅包括你的内在发生了什么，也包括你对孩子内在的状况是否保持开放和接纳。这始于有目标感的心理状态，即为了鼓励和引导孩子，有目的地关注孩子的特定需求。当孩子心烦意乱时，我们做出的反应应该尽可能目的明确且考虑周全。每个孩子对恐惧、挑战和风险的容忍度不同。有些孩子会冒失地冲进困难的新环境中，解决问题和克服障碍甚至让他们感到开心。而对有些孩子来说，冒险、尝试未知的或充满挑战性的事物会让他很不舒服。同一个孩子在不同时候的反应也会不同。他们有时令人难以捉摸。每个孩子都不同，都是复杂的。根据每种情况决定什么最适合这个独特的孩子，什么能带给他成长，让他对自己的能力更有信心。这就是在培养孩子的复原力。

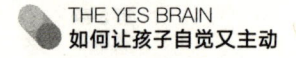

你能做什么：提升复原力的开放式大脑策略

开放式大脑策略 3：良好的亲子关系

亲子关系是培养复原力的关键。预测孩子的复原力及社交、学业和情绪状况的一个重要因素是孩子是否和父母、祖父母或其他照顾者中的至少一个人具有安全的依恋关系。我们不要求给予孩子的照顾是完美的，但应该是可预测的、敏感的，让他们感到被爱、被保护。这样不仅会让他们变得更快乐、更满足，也能让他们在情绪、人际关系和学业上更成功。这种亲密的照顾会形成安全的依恋关系，孩子会感受到 4S（见图 3-6）。

Safe 安全

Seen 被关注

Soothed 被安慰

Secure 可靠

图 3-6 让孩子沐浴在 4S 中

4S 就是帮助孩子感到安全、受保护，尤其当他们陷入苦恼中时。4S 就是让孩子在即使你表现出不喜欢他们的行为方式时，也知道你会保证他们安全，你会关注他们，深深地爱着他们。4S 就是当孩子心烦

第 3 章
复原力

意乱时安慰他们，帮他们恢复平静。4S 就是让孩子对生活产生安全感，这些安全感来自他们觉得被关注、被安慰。从神经学的角度来看，这些反复的安全依恋体验会让大脑形成牢固的神经联结，形成发展充分的上层脑，使孩子对生活的各个方面都更有安全感。如果我们始终如一地为孩子提供 4S，即使不完美，也会扩大他们的绿色区，这意味着他们越来越有能力自己处理问题。

当孩子知道你永远爱他们、支持他们时，他们所需要、所依赖的安全感就形成了。**牢固的依恋关系就像安全基地，孩子可以从这里开始探索未知，他们知道不管情况多糟糕，他们永远可以回到基地，你会永远支持他们。**孩子因此能获得走出舒适区的勇气和信心，变得更坚忍，敢于尝试新的、令人不舒服的甚至可怕的新事物。

良好的亲子关系有助于培养复原力的另一个原因是，如果你经常陪伴孩子，就会对他们有深入的了解。你会及时感知到孩子偏离绿色区的信号，包括情绪的信号和身体的信号，从而知道他们需要你帮助他们返回绿色区。如果你的孩子是个喜欢把感受藏在心里的孩子，当你看到他沉默寡言或不和其他人交流，你会意识到他可能在感到不安，或者他对自己太苛刻，"退缩"回路被激活了。无论什么原因，孩子封闭了自己，变得刻板僵化，进入了蓝色区。如果你的孩子是个外向的孩子，他和被动的、把感受都藏在心里的孩子正相反。他会通过行动来宣泄，而不是在内心崩溃。他也许会大发脾气，表现出大叫等不礼貌或有攻击性的行为。这显然是他进入了混乱的红色区的信号。

因为你和孩子的关系非常亲密，所以你能及时注意到他们的需求。

你能意识到孩子的改变，并决定应该做出什么反应。你可以判断应该推一把还是拉一把，应该立即介入还是等一等，让孩子多承受一会儿挫败，以扩大绿色区。

区分什么时候推一把和什么时候拉一把，最初会让人有点不知所措。但是，我们相信通过一些练习、尝试和犯错，你会找到开放式大脑的教养方法。就像一句名言所说的："机会总是垂青有准备的头脑。"了解这些基本原理能够让你为出现的机会做好准备，这既是孩子的机会，也是你的机会。你能及时了解他们的感受，以很自然的方式推一把或拉一把，为他们提供支持，帮助他们培养能力。

好消息是，4S 可能已经是你和孩子日常互动的一部分。和孩子一起吃饭；带他们去公园；和他们一起看滑稽的视频，一起哈哈大笑；甚至争吵，然后和解。所有这些经历都会加深你和孩子的感情，都能提升复原力，促进大脑整合。即使你什么都不做，只是让孩子在大多数时候感到安全、被关注、被安慰，其实就已经做了对培养整合的、有复原力的大脑最有效的事情。

开放式大脑策略 4：培养第七感

提升复原力，同时也是提升其他重要的心理或人际关系品质的最佳方法之一是：把第七感教给孩子。"第七感"是丹尼尔自创的概念，它是指对自己和他人心理的感知和理解。第七感是感知和理解内在心理的方式，它包括三个方面：洞察、共情和整合。洞察聚焦于理解自己的心理，它是自我觉知和自我调节的能力。共情指的是理解他人的心理，由此我们能透过他人的眼睛去看、去感知他们的情绪，继而和他们产生共鸣。整合是将不同的部分连接起来,使它们能一起发挥作用,无论大脑脑区还是人际关系。例如,在人际交往中尊重彼此的差异,相互理解。培养第七感就需要练习洞察、共情和整合。

第七感是工具,我们可以用它来改变对情境的看法,更好地控制我们的情绪和行为,做出更好的决策,改善我们的人际关系。通过帮助孩子培养第七感,我们可以赋予他们能力,让他们拥有应对的策略,使他们免于沦为情绪和环境的受害者,让孩子学会用心理和身体来改变大脑和情绪。

蒂娜就是这样帮助爱莲娜的:她教爱莲娜改善对自己的洞察,帮助她理解、应对恐惧和焦虑。蒂娜知道她需要抽丝剥茧,找到爱莲娜的焦虑来自什么地方,找到是什么造成了神经系统的强烈唤起,导致惊恐频繁发作。也就是说,蒂娜需要搞明白为什么这个小来访者的绿色区这么狭窄,为什么她这么缺乏平衡能力和复原力。在搞清原因之前,爱莲娜首先需要一些宽慰。爱莲娜需要一些工具,当她感到恐惧和焦虑时,可以用这些工具安抚自己。

因此,蒂娜先把绿色区的知识教给爱莲娜,并给她提出了一个目标:延长在绿色区里停留的时间。然后,蒂娜介绍了两种基本的第七感工具,其中有两种工具对爱莲娜特别有效。每个孩子都不一样,某个策略对有些孩子比对其他孩子更有效。

第一种工具就是我们在第 2 章的"亲子互动"中详细介绍过的练习。

蒂娜让爱莲娜每天晚上睡觉前做这种练习,告诉她:"当你困了,眼皮发沉,身体很放松时,把一只手放在胸口,另一只手放在腹部,深呼吸。现在来试一试，感觉一下这样做带来的平静和放松。坐好，一只手放在胸口，另一只手放在腹部，深呼吸。这就是你每天晚上睡觉前要做的事情。"然后，蒂娜给爱莲娜的妈妈讲解了这种方法，给她俩布置了每天晚上的"作业"。

每周爱莲娜去蒂娜的办公室时，她们都会讨论每晚的正念练习，并一起在办公室里进行练习。几周后，蒂娜注意到当爱莲娜把手放在胸口和腹部时，她就会自动开始深呼吸。然后她的肌肉会放松，身体明显进入一种放松的状态。

在第一次出现这种情况时，蒂娜特别提醒爱莲娜注意："你注意到你的身体发生了什么情况吗？"此时，蒂娜在教爱莲娜觉察身体内部发生了什么。爱莲娜本来没有注意到自己在进入放松而平静的状态，蒂娜一提醒，她立马就意识到了。她们俩和爱莲娜的妈妈讨论发生了什么，讨论平衡和复原力的概念。蒂娜解释说："一起放电的神经元会连接起来，这种练习已经使你的大脑里形成了联结，将'手放在胸口和腹部'与'放松'联系起来。那些神经元一起放电，所以它们连接在一起，形成了记忆和技能。"爱莲娜立即明白了这些原理，明白了为什么把手放在胸口和腹部的行为在大脑中会和平静放松联系起来。

接下来，蒂娜教爱莲娜在感到焦虑的时候使用这种方法。蒂娜告诉爱莲娜，现在她的双手就是她随身带着的神奇工具，在学校、家里、朋友家及任何地方，只要她感到恐惧、焦虑或惊恐，她都可以运用它们。她可以在任何需要的时候，轻轻把手放在胸口和腹部，让自己进入平衡和放松的状态。蒂娜还教给爱莲娜一种基本的认知策略，这种策略源自道恩·许布纳（Dawn Huebner）的著作《担心太多怎么

第 3 章
复原力

办》(What to Do When Your Brain Worries Too Much)。具体做法是：想象有一个"担心小精灵"坐在自己肩膀上，你可以和他对话；可以感谢他努力保护自己免受想象中的威胁，感谢他帮助自己随时对危险保持警惕；也可以请求"担心恶棍"偶尔放松一下，不要总把担忧和恐惧说出来。爱莲娜特别喜欢这个方法，她很喜欢和蒂娜一起练习可以对"担心恶棍"说什么。

第二周，爱莲娜冲进蒂娜的办公室，眼里闪着光，开心地笑着，大声说道："我做到了！在惊恐刚开始发作时，我就阻止了它！"她给蒂娜讲述了经过。

> 这天，她又一次忘了带午饭。当她一感到自己进入了红色区，因为恐惧而开始紧张时，她就开始使用在蒂娜这里学到的方法。"我先把手放在胸口和肚子上，做深呼吸。然后，我和'担心恶棍'争论。我告诉他：'这不是什么大事！我可以借卡瑞萨的钱买午饭。她总有多余的钱。'并且还非常严厉地告诉'担心恶棍'，我不再需要他担心我的午餐了！"

第七感的工具显然对爱莲娜特别有效，蒂娜和她庆祝了这个大胜利。然后，蒂娜用爱莲娜能轻松理解的方式教给她神经可塑性的基本知识。这就是第二种第七感工具，能增强爱莲娜对用身体和心理能影响大脑功能的信心。

爱莲娜喜欢雪，所以蒂娜在办公室的白板上简单画了一座雪山。她对爱莲娜说："当你的担忧越来越严重时，你在这座雪山上就越爬越高。

103

当你爬到'担忧雪山'的山顶，就是你觉得再也无法承受了。以前，为了从雪山上下来，你会坐雪橇滑下去，滑到惊恐发作之地。"蒂娜边说边在山上画了一条路，路延伸到山脚下的惊恐发作之地。她继续说："下次当你变得特别忧虑，爬到雪山顶上时，你又会坐上雪橇，从相同的路滑下去。就这样，你会一次又一次进入惊恐发作之地。"

"但是你知道你今天是怎么做的吗？你到达忧虑山顶上，但没有从原来的路滑到惊恐发作之地。你使用了你的工具，拿起雪橇，换了一条路往下滑。你发现了一个全新的地方。你走了你之前从未走过的路，来到一片放松愉悦新大陆。"（见图3-7）。

图 3-7 担忧雪山

蒂娜在山上画一条新路，继续说："特别酷的是，当你下次感到非常忧虑，来到雪山顶上时，你知道你可以不走那条会让你进入惊恐发作之地的老路。也许你时不时还会走老路，毕竟它是你的老习惯，那有一条因雪橇滑过留下的深深沟槽。但是雪一直在下，你越少走那条通往惊

第 3 章
复原力

恐发作之地的老路，新下的雪就会越快将它覆盖。你从另一条路滑下去的次数越多，将来滑起来就会越容易。新路会逐渐成为你习惯的路，你的雪橇会在路口等你，你会经常像今天一样愉快。"

蒂娜告诉爱莲娜，我们心理和身体能够改变大脑。雪山的例子清楚地解释了让人充满希望的神经可塑性知识。**雪山上的路就像大脑里的神经联结通路，它们变弱还是变强取决于我们对它们的关注程度和使用的频繁程度。**

这就是第七感工具的作用：让我们学会监控并改变我们的内在体验。我们之所以如此相信第七感工具，是因为它们能够帮助我们的孩子理解和驾驭心理的力量，改变他们看待情境和做出反应的方式，使他们能够扩大自己的绿色区。第七感工具使爱莲娜这样的孩子在感受到焦虑和担忧时，依然能停留在绿色区里，不会惊恐发作。就像让爱莲娜开始明白，在面对恐惧和令人担忧的事情时，她不是无助的。我们想帮助所有的孩子培养爱莲娜这样的心态，即他们是自己命运的主宰者，即使生活有时艰辛，他们不能总是如愿以偿；但他们可以决定自己给予怎样的反应，成为怎样的人。这就是复原力。

亲子互动　教给孩子复原力

在第 2 章的"亲子互动"里，我们向孩子介绍了绿色区的概念，展示了偏离绿色区，进入红色或蓝色区的状态。本章的"亲子互动"，我们通过和孩子一起探讨如何应对挑战来提升他们的复原力。提升复原力的核心在于帮助孩子面对艰难的处境，使孩子能让自己平静下来，不因挑战而变得无助。我们可以让孩子知道生活中会有很多不顺，感到难以应对是正常的，但这些困难会让我们变得更强大。可以采用以下方法和孩子进行关于应对挑战的对话。

德里克想参加少年棒球联赛，但有点不敢。

第 3 章
复原力

02

德里克的父母鼓励他，陪他去参加第一次练习。他妈妈甚至志愿做教练的助手。

03

第一次练习时，德里克并不是很感兴趣，但第二次练习很有趣。在第一次比赛中，他打出一个安打，他很开心。现在他非常喜欢棒球。如果一开始他不愿意克服恐惧去尝试新事物，就不会知道自己会喜欢棒球。

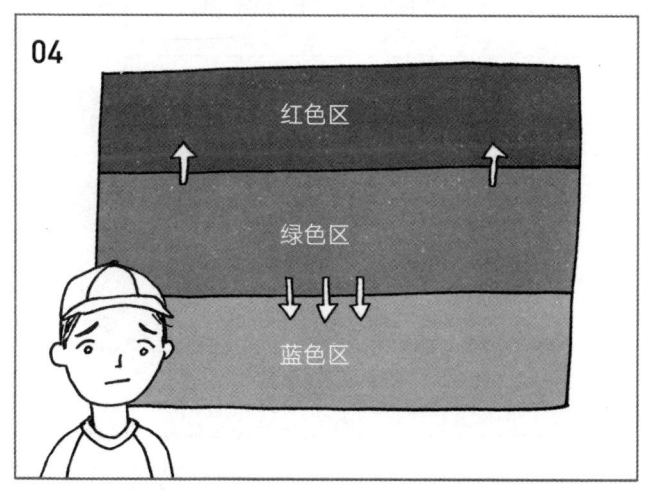

04

红色区

绿色区

蓝色区

你感受过像德里克一样的紧张吗？你是否觉得自己快进入红色或蓝色区了？

107

THE YES BRAIN
如何让孩子自觉又主动

05

勇敢不是一件容易的事，尤其是当你觉得自己偏离了绿色区时。当你尝试新事物时，你会发现你的能力超出了自己的预期。

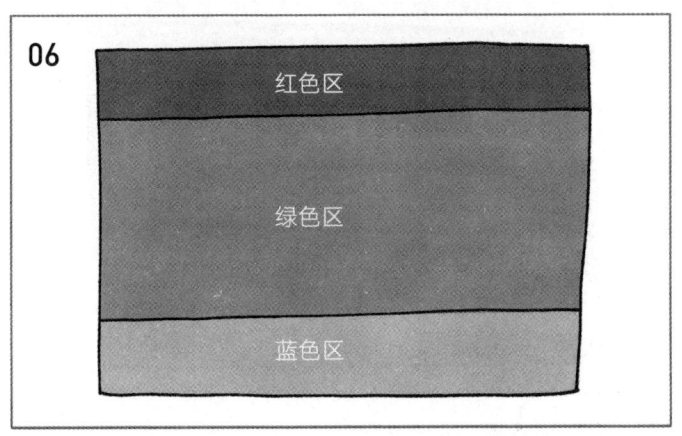

06

红色区

绿色区

蓝色区

勇敢面对困难的感觉很棒！这会扩大你的绿色区，让你不会错过你可能非常喜欢的新体验。
你会意识到困难难不住你，感到害怕或不安是正常的，但你能克服它们。

第3章 复原力

父母成长　提升自己的复原力

在思考了如何提升孩子的复原力之后，建议你花点时间把这些思考应用于自己的生活。父母的开放式大脑塑造得越好，越有利于孩子形成开放式大脑。

请父母们反思自己的复原力发展历程和开放式大脑的塑造情况，思考以下问题：

1. 你是否注意到当你偏离绿色区时，你通常会进入什么区域？通常是什么引发你偏离绿色区？

   当你极其愤怒或心烦意乱到难以忍受时，你是倾向于陷入红色区的混乱，还是陷入蓝色区的刻板，将自己封闭起来，僵住不动或者彻底崩溃？对有些人来说，当偏离绿色区后，他们进入红色区和蓝色区的可能性差不多。

2. 你陷入红色区或蓝色区的感受是什么？你会在红色区或蓝色区里停留多长时间？

   有些人需要很长时间才能恢复。在红色区和蓝色区里，你失去了自我控制能力，你的大脑前额叶失去了整合的高级功能。在低级的状态中，我们很难恢复到整合而灵活的开放式大脑状态。

3. 当处于红色区或蓝色区里时，你认为重新回到绿色区的最有效方法是什么？

   每个人的修复过程都不一样，要了解适合你自己的独特策略，它是你的复原力资源。有的人喜欢休息一下，离开当时的情境。有的人喜欢喝点水，听听音乐，做做拉伸，思考一下发生的事情。写日记也是一种很有效的方法，能够帮你强化回归绿色区的策略。

4. 你的"成长边界"是什么？

成长边界是指复原力资源中需要加强的部分。有限制你绿色区的特定问题吗？有没有某些情况对你来说极具挑战性？监控自己的内心世界并发现自己进入蓝色区或红色区的迹象对目前的你来说是不是很困难？你觉得自己从蓝色区或红色区回到绿色区很困难吗？

5. 你能很好地支持自己的成长吗？

包括在需要的时候寻求朋友、亲戚或其他人的帮助，培养自己在不同情境中的自我调节能力。

从很多方面来看，培养你自己的复原力就是构建你的开放式大脑。当你做这件重要的事情时，你不仅在努力使自己镇定自若，还在示范开放式大脑的生活态度，示范用复原力应对挑战，这将让你的孩子受益匪浅。所有人都可以终身成长，构建这些心理力量与美好感受之间的神经回路的过程就像一段旅程，让我们享受这段旅程吧！

THE YES BRAIN

第4章

洞察力
了解自己，建立自信

第 4 章
洞察力

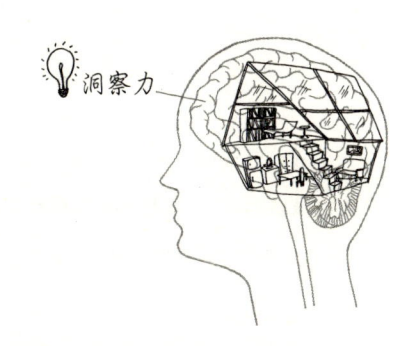

一天早上，蒂娜刚要出门，她 8 岁的儿子卢克突然冲进洗手间找到她，就哭起来。以下是她对这件事的描述：

> 我帮助卢克平静下来，他终于能开口解释一下了。卢克说他 5 岁的弟弟 JP①"五星"他。我不懂这种说法，卢克解释说，"五星"就是用张开的手掌使劲扇别人，在别人皮肤上留下手掌印，手指头印就像星星的五个角。卢克拉起衬衫，我果然看到他后背上有五个红红的"星星角"，看起来很像 5 岁孩子的小手。
>
> 我安慰他，然后去找他那淘气捣蛋的显然处于红色区的弟弟。如果你听过我的演讲，可能听过关于我的故事，故事里的我是个糟糕的家长。但在那天早上，我处于绿色区，能够把这次管教孩子看成是一次教育机会，一次培养孩子能力的时机，正好帮助 JP 发展开放式大脑的第三大基本特质——洞察力。
>
> 我知道 JP 现在仍处在反应性的情绪状态，缺乏接纳性，不可能开展学习。我也知道在教导他之前先和他建立联结是更有效的方法。我跪下来，将他搂在我的臂弯里，安慰他说："哦，小伙子，你真是气坏了。"

---

① JP 是蒂娜的小儿子的昵称。——编者注

THE YES BRAIN
如何让孩子自觉又主动

JP 的抽泣渐渐停止，肌肉开始松弛下来，情绪开始变得平稳。我很理解地说："我想你知道那样打人是不对的。发生什么事情了？"

问这个问题时，我在实施《全脑教养法》中的"全脑教养第2法 经历分享：安抚情绪"[1]。我引导JP讲一讲他的故事，说出他的感受有助于让他变得更加平静，这样他就可以驯服强烈的情绪。JP说他和卢克在给奶奶打电话，他讲了一个笑话。就在他快讲完时，卢克脱口就把结尾说了。他们挂断电话后，JP试图告诉卢克，他有多生气，但只招来了卢克的取笑。

我很理解JP，先让他充分表达出他的沮丧。在他看来，违背讲笑话的礼节是很严重的问题，报以"五星"完全合理。然后，我开始利用这个管教时刻帮助5岁的儿子培养内在的洞察力。记住，管教离不开教育。

随着我的安慰，JP越来越平静。于是我开始通过提问唤起他对自己感受的关注，对进入红色区、失去控制的时刻的关注："当这件事发生时，你的身体有什么感觉？""是不是有一刻你觉得自己要爆炸了？"我希望引导他思考，更好地理解他的内在发生了什么。

之后，对话自然地过渡到这些问题："当你觉得愤怒在你身体里上升时，你还可以用其他什么方式来表达？""什么对你有作用？当你特别生气，下层脑开始占主导时，什么能让你平静下来？"在和JP建立了联结，并通过反思性的对话帮助他对自己的

---

[1] 引自《全脑教养法》第2章。"全脑教养第2法"这个小节主要介绍了经历分享的作用，以及如何引导孩子通过复述故事进行经历分享。本书中文简体字版由湛庐文化引进、北京联合出版公司于2017年出版。——编者注

第 4 章
洞察力

内在进行洞察后，我就可以进入重定向阶段了。我问他为了和哥哥重归于好，他可以做什么。

有效管教的重点不在于惩罚，而在于教育。它有两个主要目的：（1）通过阻止坏行为或促进好行为，实现短期合作；（2）增长有助于孩子未来的判断力、自控力和大脑中的联结。这些是蒂娜和JP交谈的目的。她通过和儿子建立情感联结，实现了第一个目的，这样JP能平静下来，愿意进行学习。若非蒂娜帮助他进入绿色区，他是学不进东西的。在绿色区里，JP才可以调动他的学习回路。第二个目的围绕着帮助他更了解自己的感受和反应，这样随着他的发展，将来在他心烦意乱或很气愤时，就可以做出更明智的决定。蒂娜希望儿子变得更有洞察力。

> 有效管教的重点不在于惩罚，而在于教育。它有两个主要目的：（1）通过阻止坏行为或促进好行为，实现短期合作；（2）增长有助于孩子未来的判断力、自控力和大脑中的联结。

构建有洞察力的大脑

在我们所探讨的开放式大脑的四种基本特质中，最容易被大家忽略的可能就是洞察力。**洞察力就是看透自己、理解自己的能力。我们运用这种能力能更好地控制自己的情绪和环境。**对孩子和成年人来说，拥有洞察都不是容易的事。但是它值得我们为获得和发展它而付出努力。洞

115

THE YES BRAIN
如何让孩子自觉又主动

察力是社交能力和情商的关键要素，对心理健康也非常重要。没有洞察力，我们不可能理解自己，不可能与他人建立良好的人际关系。如果你希望人生富有创造力、富有意义，拥有幸福，那么洞察力是基本要求。如果你希望孩子拥有这样的人生，那么把洞察力教给他们。

洞察力的一个重要方面是观察。它使我们密切关注自己的内心世界。无论对于孩子还是成年人，不清楚自己的感受都是很常见的情况。有时候我们会变得心烦意乱，冲动地做出反应，就像JP那样。但另外的时候我们会很生气，甚至都没意识到自己快气疯了，或者甚至否认它。又或者我们感到难过、失望、怨恨、嫉妒或被侮辱时，被这些情绪裹挟着行动，尽管我们还不清楚自己的这些情绪。

负面情绪本身不是问题，不要误以为它们是不好的。负面情绪也很重要，即使它们让我们觉得不舒服，即使我们常常认为它们很糟糕。问题不在于情绪，而在于当我们感受到这些情绪时却不自知。如果是这样，这些未被意识到的情绪会导致各种有害、讨厌或无意的行为和决定。如果我们了解自己的情绪，很可能就不会做出这样的行为和决定。这就是我们需要培养洞察力的主要原因。它使我们能了解自己的情绪，从而改变我们做出反应的方式。

> 这些未被意识到的情绪会导致各种有害、讨厌或无意的行为和决定。如果我们了解自己的情绪，很可能就不会做出这样的行为和决定。洞察力使我们能了解自己的情绪，从而改变我们做出反应的方式。

第 4 章
洞察力

这不仅涉及我们想了解的情绪。在《全脑教养法》中,我们介绍了情绪调色板,它包含内在的感觉、意象、感受和念头,它们是你的各种内心冲动,会影响你的内在体验。我们还可以把在你头脑里发挥作用的其他作用力添加进去,比如记忆、梦想、欲望、希望、渴望等。洞察力来自对这些作用力的观察和关注。当我们这样做时,便会获得控制它们的力量。即使它们依然会影响我们,也不会是在我们无意识的情况下。我们可以努力引导这些冲动,而不是任由它们践踏我们的生活,使我们做出对自己、对周围人有害的决定和行为。

这就是为什么我们说洞察力能赋予我们力量的原因。有了洞察力,在面对情绪和不利环境时,我们不再无助。我们可以看到自己的内心发生了什么,从而做出有意识的、目的明确的决定,而不是盲目跟随无意识的、具有破坏性的冲动。

> 有了洞察力,在面对情绪和不利环境时,我们不再无助。我们可以看到自己的内心发生了什么,做出有意识的、目的明确的决定,而不是盲目跟随无意识的、具有破坏性的冲动。

球员与观众:观察者的体验

当我们说了解自己的内心时,指的是承认甚至欢迎当下感受到的情绪,同时洞察自己对这些情绪的反应。几个世纪以来,科学家、哲

THE YES BRAIN
如何让孩子自觉又主动

学家和各领域思想者都对此进行了探讨。有的把它描述为了解意识的不同层次，有的说这是加工信息的双重模式。无论采用什么说法，意思都是指：**我们既要感知情绪，又要观察自己是如何感知这些情绪的**。我们既是观察者，也是被观察对象；既是体验者，也是体验的见证者。用孩子能理解的话来说就是，我们既是赛场上的球员，又是看台上的观众。

想象你刚带孩子看完电影。你这次挥霍了一把，在电影院买了很贵的爆米花，而不是自己在家用微波炉做好后偷偷带进电影院。现在，你们正在回家的路上，孩子们不但不开开心心地感谢你带他们看电影，反而在抱怨和争吵谁应该先做什么。他们的声音越来越大。那天还特别热，车上空调的效果又不好。随着后座的喧闹逐渐升级，你的情绪也开始进入红色区。你开始气恼，感觉快失去控制了。这时，如果没有洞察力，你的下层脑会完全占主导。你会冲孩子们大发脾气，教训他们要懂感恩，列举被宠坏的孩子的种种劣迹。

这个看完电影开车回家的"你"就是我们所说的"球员"，你在球场上，比赛正酣。球员除了专心打比赛，应对可能发生的状况之外，很难再做其他事情。

如果你能从球场外观察作为球员的"你"，那会怎样？作为球员的"你"在参加比赛，没有洞察力；作为观众的你是观察者，从看台上看着这一切（见图 4-1）。

第 4 章
洞察力

图 4-1 球员与观众

你能明白为什么看台上的观众能保持镇定,而场上的球员做不到吗?**观众能保持洞察力和全局观,而球员只是在狂热地感受赛场中的每一秒。**

你坐在闷热的车里,开车载着爱抱怨的孩子从电影院回家,当你觉得自己就要进入红色区,要开始发脾气时,就能用上这种洞察力和全局观。在车里的你,就是参加比赛的球员。你可以想象,作为观众的你漂浮在汽车上方,俯视着作为球员的"你"和后座上的孩子们(见图4-2)。

图 4-2 运用洞察力的场景

车里的情绪和吵闹不会影响观众。观众的任务只是看看"球员"怎么了。他只是观察，不评判、不指责，也不挑错，因为他知道情绪很重要，哪怕是消极的情绪。他只是看着这个情景，留心在发生什么，包括球员的愤怒如何逐渐升级。虽然球员觉得气疯了，但他没有意识到愤怒正在影响着他的情绪。而观众却能用心地查看整个情景，获得更全面、更健康的看法，有时甚至会觉得整件事很有趣。

你认为观众在这种情况下会怎么说？如果你可以跳出事外，作为观众平和地看着那个坐在那儿紧紧抓着方向盘，用力到关节发白的自己，你会对自己说什么？

观众可能会说："生气很正常。谁不会生气？我只是个凡人。我累了，孩子们也累了，他们通常不会这样做，但他们只是孩子。现在，我要做个深呼吸，让身体放松。然后，放孩子们喜欢的歌，尽量不说出让我后悔的话。很快就要到家了，我们都会平静下来。如果我需要解决他们的行为问题，我会等到自己回到绿色区之后再去做。"（见图4-3）。

我们可没说这种洞察很容易做到，这是需要练习的。但是，如果你愿意，通过简单的观察就可以显著提升你的洞察力。要掌控你对恼人情境做出的反应，就必须具备洞察力，它太有用了！

上面的例子是关于父母的洞察力，相同的方法也适用于孩子。理解这种方法需要孩子达到一定的发展水平。随着孩子长大，越来越擅长复杂思维，理解就会变得更容易。不过，如果孩子很小，你也可以开始打基础，帮助他们关注自己的感受，关注自己生气时的身体反应。**无论对于孩子，还是成年人，洞察的关键都是：在情绪激动的时候转换成观众视角，暂停一下。**转换视角的方法之所以有效就是因为"暂停"。

图 4-3 观众视角

暂停的力量

洞察力的关键就在于发展和利用暂停，从而让自己能成为观察球员的观众。这样我们才能清楚、客观地看待事情，做出明智的决定。我们常常遇到一个刺激就立即做出反应。闷热汽车里的噪声让家长崩溃。数学考试中的一道难题让过分认真谨慎的四年级孩子变得非常焦虑，甚至没法答题，更别说考出好成绩了（图 4-4）。

第 4 章
洞察力

刺激 → 立即做出反应 → 崩溃

图 4-4　崩溃的源头

如果没有暂停，我们会下意识做出冲动的反应，根本不可能保持在绿色区里，而是直接进入了防御式大脑的状态。

但是如果我们能插入一个短暂的停顿，一切都会改变。观众视角的介入，会提醒你深呼吸，客观地看待整个情况。当你 9 岁的孩子因为数学难题而崩溃时，暂停一下会让她以观众视角介入，让作为球员的她自己有机会放慢呼吸，放松自己。差别就在于暂停，效果也在于暂停。

让孩子在遇到困难时暂停发作情绪容易吗？当然不容易。对大多数孩子来说，这是自然的反应吗？和大多数成年人一样，这都不是自然的反应。洞察力是一种能够通过练习获得的技能。对于四年级的孩子来说，要想获得这种洞察力，说服自己不要焦虑，就需要成年人告诉她这种技能，并给她做榜样，然后给她很多练习的机会。上例中的孩子和爸爸进行了各种谈话，交流她考试时容易紧张的问题，然后一起想出了一个"秘密提醒"。当她觉得自己越来越焦虑时，可以靠"秘密提醒"减轻焦虑。爸爸告诉她，一开始注意到自己的恐惧很重要——观众视角正是在这个时候介入，然后看一看她的手链（bracelet），这就让她想到另一个以 br 开头的单词——breathe（呼吸）这个"秘密武器"（见图 4-5）。

图 4-5 暂停的作用

第 4 章
洞察力

由此，她可以开始放松肩膀，放松肌肉，释放想要控制她的紧张和焦虑。你好，开放式大脑！这一切都始于暂停，它会产生灵活的反应。

在刺激和反应之间我们需要暂停。这样可以防止我们对刺激做出下意识反应，使我们可以选择如何做出反应，包括情绪上的和行为上的。没有暂停，就没有后续的洞察，也就没有选择，只有反应。当我们在做出反应前暂停时，我们就在刺激和行为之间加入了时间和心理的空间。从神经生物学的角度来看，这个心理空间使我们能考虑到各种可能性，让我们可以先和感受相处并反思，然后再采取行动。暂停使我们可以尽可能地做"最明智的自己"，这会减轻我们自己和周围人的压力，增加快乐。

> 暂停使我们可以尽可能地做"最明智的自己"，这会减轻我们自己和周围人的压力，增加快乐。

我们也知道在情绪激动时暂停是"说起来容易，做起来难"。但是你是能做到的。而且，通过练习，你会做得越来越好。这可能是，也可能不是你的默认机制，但当你面对困境时，它会变成越来越自然的反应。

把暂停的威力教给孩子

令人激动的是，你可以帮孩子培养"暂停"这种重要的能力。就像参加数学考试的孩子能习得暂停和让自己平静下来的能力一样，你的孩子也能学会在面对类似的障碍时获得洞察力。想象一下，如果孩子学会了在面对挑战时停顿一下，然后做出富有洞察力的选择，那么作为孩子

125

和未来的青少年、成年人，他们的生活会有怎样的不同。然后再想象他们有了自己的孩子，会成为多么平和而富有爱心的父母啊。通过在孩子年幼时帮助他们培养洞察力和灵活性，你可以为几代人奠定情绪健康、人际关系成功的基础。

我们认识一个一年级小女孩爱丽丝，她表现出了良好的开放式大脑的状态。

> 有一天，爱丽丝的父母告诉她，他们家要搬到一个新城市去。爱丽丝非常不愿意离开现在的家和朋友，所以当父母告诉她这个消息时，她大哭起来。这时，父母听她诉说，让她哭泣。记住，洞察的目的不是消除情绪。情绪是有益的，它们很重要，是对刺激的健康反应。所以，不要回避情绪。我们的重点是感受情绪，培养洞察力，由此做出更好、更明智的决定。
>
> 当爱丽丝有时间吸收并消化这条消息时，她暂停下来，决定做她非常喜欢做的事情——讲故事。她写了以下的文字，并在爸爸的帮助下制作了相关的视频：
>
> 灯泡
>
> 大脑很重要。它装着很多情感，比如悲伤、生气、快乐、嬉笑。我觉得情绪像一串灯泡。我高兴的时候，灯就亮了。但如果有太多的灯泡同时亮起来，我就会困惑，会害怕。现在我就有这样的感觉，因为我要搬家了。搬家让我难过、害怕，但也有一点点儿兴奋。

第 4 章
洞察力

如果你也感觉好像太多灯泡同时亮了,那你就静静地坐着,深呼吸。这会让你感觉更好。

这就是我们所说的用洞察力掌控情绪和对环境的反应。爱丽丝意识到了自己的难过、恐惧还夹杂一些兴奋的情绪,所以能关注这些情绪,以积极健康的方式做出反应。注意,这个故事的视角完全是作为观众的爱丽丝的视角。作为球员的爱丽丝是哭泣的爱丽丝,她感到困惑、害怕。那是她自己很重要的一部分,她需要随时关注并接纳那部分自己。因为爱丽丝可以从观众视角观察自己的情况,所以可以获得洞察和客观的认识。这就是爱丽丝表现出来的整合,她可以同时接纳作为球员的自己和作为观众的自己。这就是整合的本质——将体验的各部分和自我的各个方面联系起来。整合是开放式大脑的核心。爱丽丝甚至能给其他在情绪中挣扎的人提供建议,比如静坐、深呼吸,当然这些建议本质就是在刺激和反应之间插入暂停。

不是所有6岁孩子都能具有这种开放式大脑的洞察力的,更不用说把它清楚地表达出来。爱丽丝的父母显然教过她很多关于情绪的词,重视并关注她的内心世界。通过练习,大多数孩子能更好地理解自己,改善反应的灵活性。一个4岁男孩从父母那里学到了"说出它的名字,驯服它"的方法,他常常用这种方法重述体验,让内心那令人烦扰的力量平静下来。

一天晚上这个4岁小男孩在表哥家玩,他们一起看动画片《叔比狗》,片中正在演鬼屋和"鬼"的情节。其实,一切只是故事中的坏蛋的诡计，要不是那些"爱管闲事"的孩子，他的邪恶计划就成功了。晚上睡觉时，小男孩对妈妈说："妈妈，我要再讲一遍《叔比狗》的故事。"小男孩叙述了他看的动画片，妈妈问了一些细节和让他害怕的东西。"鬼看起来什么样"的问题帮助他重新定义内心的恐惧，并且用自己的回答记住"鬼"其实只是"挂在滑索上的透明衬衫"。

通过要求再讲一遍故事，小男孩表现出了他的洞察力，从观众的立场认识到他需要做些事情帮助作为球员的自己减轻恐惧。这其实表现出了他反应的灵活性，以及学会了在对刺激做出反应前暂停。这个暂停会引出健康有益的选择。

这就是源自开放式大脑的洞察力。我们想帮助所有孩子培养这种能力，这样他们就能保持自我意识，监控自己的情绪和反应。当出现难以应对的情境时，只要他们的年龄和发展阶段允许，我们希望他们能关注自己的内心世界，知道自己在变得心烦意乱。注意这些令人痛苦的情绪有助于孩子掌握主动权，避免在情绪和行为上失控。洞察力使孩子不仅更了解自己的内心世界和情绪，而且能更好地调节自己的情绪和行为。调节来自整合。洞察力使我们保持自我意识，并将各种感受联系起来，形成整合。来自洞察力调节的平衡会使孩子和家庭变得更平和和快乐。

> 洞察力使孩子不仅更了解自己的内心世界和情绪，而且能更好地调节自己的情绪和行为。

第4章
洞察力

你能做什么：提升洞察力的开放式大脑策略

开放式大脑策略5：重新定义困境

大多数孩子认为内心出现挣扎一定是不好的，可能大多数成年人也有这样的想法。如果一个选择比另一个容易，那它一定比较好。但这是球员的思维方式，球员是努力避免被情绪淹没的那个自我。而观众视角会旁观者清，这就是我们想教给孩子的洞察力。我们想重新定义他们正在经历的痛苦，让他们能够理解挣扎并不总是坏事。

谈到挣扎，卡罗尔·德韦克提出的成长型思维和固定型思维的概念很有参考意义。面对挣扎，我们应该有能够从努力和体验中获得成长的心态。另一位研究者安吉拉·达克沃斯（Angela Duckworth）的研究揭示：成长型思维使我们能够洞察应该如何兴致勃勃、坚韧不拔地应对挑战，使孩子在面对挑战时能坚持不懈。相比起来，固定型思维会使我们认为困境暴露了我们的弱点，会认为后天努力无法改变自己先天的能力，因此未来会尽量逃避挑战。甚至，我们会以为自己应该一直成功，生活就应该一帆风顺。

给予孩子支持不是跟他们唠叨老套的"人生不公平"，或者勤奋和延迟满足有多重要。而是告诉他们，生活是一段努力和探索的旅程，无法轻而易举地成功。这样，我们可以培养孩子的洞察力，有助于孩子形成成长型思维。在面对困境时，你可以通过问孩子一个简单的问题来培养他们的洞察力："你更愿意选择哪种牺牲？"

你10岁的女儿很喜欢当冰球队的守门员,但她不愿意在正常的团队训练之外进行额外的练习。当你发现这个问题时,你很想说教一番,告诉她做什么事都不容易,或者努力比天赋更重要。但是,如果你只是帮她认清形势,让她自己做出更有见识的决定,那会如何?你们的对话可能是这样的。

女儿:克丽丝总能当守门员,而我总当不了。

爸爸:这让人失望,不是吗?

女儿:是啊。我知道她很棒,但那是因为训练之后教练给她开小灶。

爸爸:你愿意训练后也留下来,让教练再指导指导你吗?她之前就提过这事。

女儿:但是训练已经一个半小时了,穿着冰鞋的时间太长了。

爸爸:我知道。或许应该这样想这件事。我们以前谈到过牺牲。

女儿:我知道,爸爸,你说过无数次了,要想出类拔萃,就要有所牺牲。

爸爸:不,那不是我要说的。我要说的是,你会有所牺牲,但好在你可以选择牺牲什么。

女儿:啊?

爸爸:训练后留下来,练习倒滑和防守技术是一种牺牲。如果你决定不投入额外的时间,这也是一种牺牲,牺牲你获得改进和比赛时当守门员的可能性。

女儿:我想一想。

爸爸:你该好好想一想。我知道两种选择都有不好的地方。但

第 4 章 洞察力

这也很棒，你可以选择你更想要的生活。你可以选择牺牲休息，付出额外的努力，有更多机会当守门员；你也可以选择早一点离开冰场，这就意味着你宁可当守门员的机会减小。这完全取决于你。

你看到这位父亲怎么给女儿重新定义困境了吗？他帮助女儿跨出自己的情境，从观众的角度来看待这件事（见图 4-6）。从这个角度她可以更充分地认识自己的选择。这位父亲没有让女儿逃避做决定，也没有消除这个困境造成的不安。他只是帮助她认识到自己的能动性，认识到她不是没有任何发言权的受困者。这是在帮助她培养洞察力。

图 4-6　重新定义困境

131

可能需要多几次这样的对话，转换观众视角才会深入孩子的心里。我们不是说这种方法会完全消除孩子面对艰难选择时的挫败感或自怨自艾。但是，随着她学会采用观众视角，随着她被反复提醒生活中会发生什么常常源自她的选择，女儿会变得越来越果断而坚毅，具有更加牢固、富有洞察力的自我认知。想象一下，这种思维能力对她未来做出更重要的艰难决定会有多么大的帮助。

从两种牺牲中选一种的逻辑对年幼的孩子来说可能太复杂了，但我们可以提前为掌握这个基本理念打基础。当3岁的孩子抗拒为出门做准备时，我们可以说："我们要去看萝拉阿姨，你需要把鞋穿好我们才能出门。你不是很想见到她吗？你想不想去呢？"这样，你也是在让小家伙练习从两个选项中选一个，穿鞋或见不到萝拉阿姨。当然在使用这种方法时你必须小心，因为很多时候其中一个选择不能算一个选择，比如见不到萝拉阿姨。3岁的小朋友对这个选择也许根本不感兴趣，导致你吓唬不到他，你不得不想出别的办法以应付这种情况。

无论是让孩子穿鞋，决定进行额外的冰球训练，还是选择如何应对代数难题，我们最终的目的都是让他们有评估和理解自己情绪的能力，对发展洞察力的能力有信心。

最新研究结果支持了重新定义困境和灵活性反应的作用，不仅适用于孩子面对的日常小困境。孩子改变看待自己经历的方式，甚至能减轻心理创伤及其影响。两个经历相同事件的人，一个可能因此受到创伤，而另一个则不会。甚至专门有一个心理学术语来表示个体在应对创伤和其他有挑战性的生活事件后发生的深刻而积极的转变，这个术语就是"创伤后成长"。在经历痛苦后，有些人受到了严重创伤，而有些人获得

第 4 章
洞察力

了积极的转变——变得更坚强，感恩亲朋好友和人生，对他人更有共情力等。有研究认为后者约占创伤幸存者的 70%。

是什么造成了这种差异？在很大程度上，造成差异的是暂停。暂停能促进更好的洞察，使我们能选择做出怎样的反应，从令人困惑或恐惧的经历中发掘意义。洞察和我们看待事件的方式比事件本身更能决定事件对我们产生积极影响还是消极影响，以及影响的程度。将压力看作正在发生的有意义事情的标志，这样的想法甚至能够改变大脑如何解读我们身体的紧绷、心跳和呼吸的加快。**当我们通过洞察重新定义了压力，意识到在意就会带来压力时，压力的结果就会从消极的变成中性甚至积极的。**这也就是为什么我们希望孩子能重新定义困境，并通过实践把这种方法教给他们，这样他们就可以选择如何看待他们不喜欢的事情。虽然孩子无法控制发生在自己身上的事情，但在我们的帮助下，他们有能力在做出下意识反应之前暂停一下，感知自己当时的情绪，不做出冲动的反应，并选择回应的方式。

开放式大脑策略 6：避免"红火山"喷发

让孩子们了解球员视角与观众视角的一种实用方法是给他们讲讲"红火山"。这是任何年龄的孩子都能马上明白的简单概念，它基于我们在第 2 章中详细介绍过的自主神经系统的工作原理。类似"油门"的交感神经系统的过度唤起会让我们进入红色区，让我们变得心烦意乱。我们发现认识到这种过度唤起对帮助孩子提升洞察力、管理情绪和行为特别有益。

无论孩子还是成年人，当对某事感到气愤、烦恼时，神经系统的唤起程度就会增加。我们的身体会发生改变：心跳加快，呼吸急促，肌肉紧绷，体温升高。我们可以把对令人气恼的刺激的情绪反应看作是一条钟形曲线，告诉孩子它是"红火山"（见图4-7）。

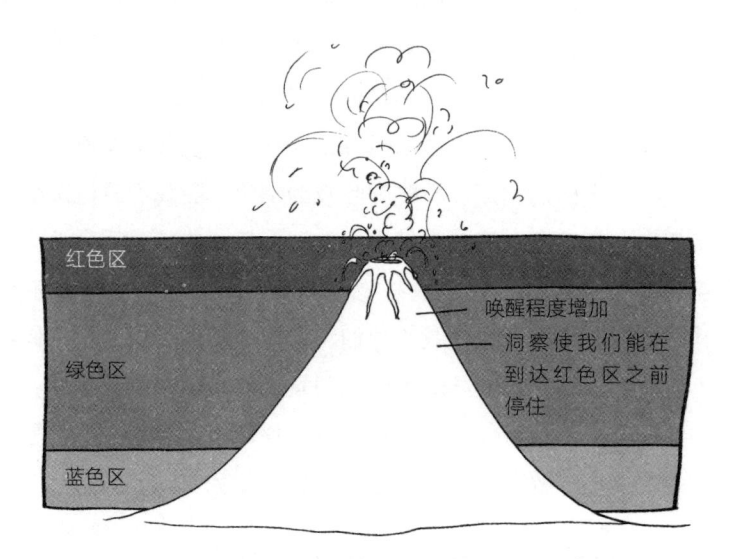

图4-7 情绪反应的"红火山"

当我们变得越来越气恼，就会逐渐爬升到火山顶。那里很危险，因为当我们到达曲线的最高点，我们就进入了红色区，即火山喷发了，我们对情绪、决定和行为失去了控制能力。最后，我们会下降到山的另一侧，再次进入绿色区。但更好的情况是，我们不去山顶的红色区，不失去控制，不让火山喷发。

气恼、心烦没问题，这是我们应该告诉孩子的重要观点。感受并表

第 4 章
洞察力

达情绪，尤其是强烈的情绪，无论是令人不舒服的坏情绪，还是令人惬意的好情绪，都是有益于健康的。这些强烈情绪导致的神经系统唤醒非但无害，而且有益，我们应感知它们，甚至应向自己或他人表达出来。我们不应该扼杀内在的反应，因为这些神经系统的唤醒会提醒我们："我们开始爬山了，火山就要喷发了。"快速的心跳、急促的呼吸和紧绷的肌肉是我们需要关注的重要警示信号。如果我们正处于"生存"状态，这些信号会对我们很有帮助。

> 感受并表达情绪，尤其是强烈的情绪，无论是令人不舒服的坏情绪，还是令人惬意的好情绪，都是有益于健康的。

所以，我们希望孩子知道情绪是好的，应该开放地对待身体的任何感受。我们要帮助孩子培养洞察力，让他们知道交感神经系统的唤醒程度什么时候在升高，再让他们爬上红火山。这种洞察会在刺激和反应之间提供有力的暂停。如果没有暂停，孩子就会直接抵达山顶，进入混乱、不可控的红色区，导致红火山喷发。

这个理念和球员与观众视角的观点很吻合。例如，你会发现如果你8岁的孩子几个小时没吃东西，会直接从可爱贴心变成易怒。虽然你可能不了解低血糖对情绪的影响，但通过观察也能发现其中的规律。在孩子情绪变好的时候，你可以这样说："找不到道奇队帽子让你气急败坏，但通常这种事是不会让你生气的。你觉得这次是怎么回事呢？"这时你可以指出你发现的规律，比如一段时间不吃东西就会让他异常生气，并给他讲一讲红火山。然后教给他球员视角与观众视角的理念,以及当观众发现球员生气了该怎么做。你可以拿个苹果并观察苹果对孩子的情绪有什么影响。获得这样的洞察力对孩子来说不是一件快速和简单的事情,但是通过练习,他能更好地认识到自己的内心世界里发生了什么,并且他能拥有暂停的能力,在到达火山顶之前采取行动。这种洞察力将使孩子终身受益。

我们想教孩子在失控之前觉察到的情绪不只是愤怒,还有更多其他情绪。你应该还记得那个要参加数学考试的女孩是如何洞察自己越来越严重的焦虑的。再想想那个第一次外出过夜的孩子,他必须克服想家的念头;或者在人群中容易不知所措的孩子,他开始封闭自己,拒绝和别人交往。这些孩子有着各种不同的情绪,他们都需要洞察力。**孩子需要学会关注自己身体和情绪的感觉,然后在做出反应之前暂停。**孩子需要我们的帮助,需要我们告诉他们,在到达红火山山顶之前,他们可以选择停止并做出改变。

第 4 章
洞察力

亲子互动　教给孩子洞察力

我们能够给予孩子的最好礼物之一是帮助他们更好地觉察自己什么时候偏离了绿色区,并且在上层脑失去控制、开始崩溃或大发脾气之前采取行动。

洞察自己的情绪

01
让我们来聊一聊你的情绪,主要介绍红色区和如何避免进入红色区。我们可以把情绪看成一座火山。山下是绿色区,在那里你会感到平和、沉静。

02
但是,当你的情绪变得强烈,当你变得心烦意乱时,你就是在开始爬山,在向红色区靠近。猜一猜到达山顶时会发生什么?你的情绪爆发了。

03
你对别人大吼大叫,扔东西,撕东西,情绪完全失控。

04
生气没什么不对。但是,如果我们能避免爬到红火山的山顶,那会怎样呢?如果我们能在开始生气时控制住自己,不让情绪爆发,又会怎样?停下来,做个深呼吸,不是更好吗?

137

THE YES BRAIN
如何让孩子自觉又主动

洞察力使我们能在到达红色区之前暂停

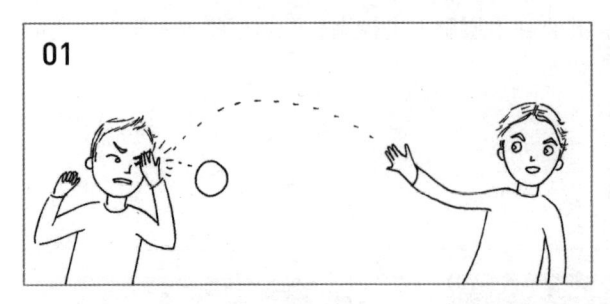

01 布罗迪的弟弟凯尔扔球砸中了布罗迪的眼睛。布罗迪气坏了，他想拿东西砸凯尔，或者对他说些恶狠狠的话。

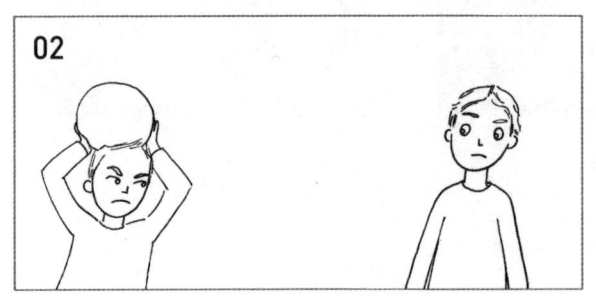

02 但是，布罗迪没有那么做，他停下来，做了个深呼吸。这是关键。他想到了红火山，这让他暂停下来。他依然非常生气，但他没有采取报复行动。

03 当你觉得自己在走向红色区时，暂停一下。你不必停止生气，只是在情绪爆发前暂停一下，然后想一想不同的反应方式，比如找父母帮忙，或者把你的感受告诉其他人。

第 4 章 洞察力

父母成长 | 提升自己的洞察力

在本章中,我们不仅探讨了如何提升孩子的洞察力,而且强调了父母的洞察力也非常重要。你可以提升的重要技能之一就是洞察自己的挫败感、恐惧或愤怒在什么时候升级,自己什么时候开始偏离绿色区。然后你就可以暂停,转向观众视角,带着洞察力和目的性对情绪做出更好的反应。这种提升既是为了孩子,也是为了你自己。

重要的是,不仅要洞察当下正在发生什么,还要洞察过去发生了什么。在为父母们提供帮助时,我们常常会遇到这样的问题:"如果我的父母很糟糕,我也会成为糟糕的父母吗?"父母们想知道,他们是否注定会重复上一辈犯过的错误。

科学已经给出了明确的答案:绝对不是。父母的教养方式会影响我们的世界观和我们教养孩子的方式,但是比童年经历更重要的是我们对它的理解和反思。当我们对记忆和童年经历的影响有了清晰的洞察,我们就可以自由地为自己、为孩子构建新的未来。研究表明,如果我们理解了生活的意义,就能把自己从过去经历的牢笼中解放出来,获得洞察力,这有助于我们创造自己渴望的当下和未来。

> 如果我们理解了自己生活的意义,就能把自己从过往的牢笼中解放出来,获得洞察力,这有助于我们创造自己渴望的当下和未来。

THE YES BRAIN
如何让孩子自觉又主动

理解我们生活的意义是什么意思？丹尼尔曾就这个主题写了很多文章和书，尤其是和玛丽·哈策尔（Mary Hartzell）合著的《由内而外的教养》①（*Parenting from the Inside Out*）。如果你想深入研究这个问题，可以从本书开始。我们的基本观点是，理解我们生活的意义就是形成"一致性叙述"。我们对积极的和消极的童年经历进行重新审视和洞察，就可以明白这些经历如何成就了现在的我们。我们既不逃避过去，也不沉湎于过去难以自拔，而是自主地反思过去，从而选择如何对它做出反应。

下面是一个"一致性叙述"的例子。

> 一位女士这样描述自己的母亲："我妈妈总生气。虽然她爱我们，这一点毋庸置疑。但是她父母的教养方式对她造成了伤害。我外公总在工作，我外婆偷偷酗酒。外公外婆有6个孩子，我妈妈是老大，她总觉得自己必须是完美的，所以，她总把一切情绪都压抑和隐藏起来，她的愤怒一触即发。我和姐妹们常常成为她的出气筒，有时甚至会对我们拳脚相加。我担心自己有时候对孩子管教不严，因为我不希望孩子承受必须完美的压力。"

就像很多人一样，这位女士的童年也不够完美。但是她能清醒而镇

---

① 《由内而外的教养》深入探讨了父母的童年经历对其教养方式的影响，揭示了做好父母要从接纳自己开始，并为父母们提供了具体可行的方法。本书中文简体字版已由湛庐文化引进，北京联合出版公司于2017年出版。——编者注

第 4 章
洞察力

定地讲述它，甚至表达了对母亲的同情，并反思了童年对她自己、对孩子，甚至对她的教养方式的意义。她既能详细地描述自己的经历，又能很容易地从记忆过渡到理解。这就是"一致性叙述"。

很多人的父母虽然不完美，但大多都算得上好父母。他们不会反复无常，对孩子的需求能及时回应，这会让父母与孩子之间形成安全型依恋关系。但是也有些人，类似这位女士，实现了"后得的安全型依恋关系"。尽管她父母的教养方式在她的童年期无法自然地形成安全的依恋关系，但成年后，她也能够改变依恋关系的形式。因此通过理解和反思自己的过去，可以与自己的孩子建立安全型依恋关系。

相比之下，没有形成一致性叙述，没有通过理解和反思获得安全型依恋关系的成年人，在洞察过去时会遇到更大的挑战。他们甚至很难以合理的方式来讲述自己的人生故事。当问及他们的童年生活，他们可能会迷失在细节中，甚至沉浸在最近的事件中。或者他们想不起来童年的情绪细节和关系细节。最严重的情况是，让童年经历中有很多创伤或丧失了童年的人回忆过去，会让他们的大脑中充满疑惑或混乱。

如果没有洞察力和一致性叙述能力，我们就失去了理解自己的基础，就无法理解过往经历对如今的我们有什么影响，更难以父母的身份与孩子进行安全、令人安慰的沟通。还记得4S吗？代表安全、被关注、被安慰和可靠。以这种方式教养孩子就会形成安全型依恋关系，这是孩子未来健康、成功的基础。如果我们不能理解自己的过去，就很可能会重复我们的父母在教养方面犯的错误。

但是，如果我们鼓起勇气正视并理解自己的过去，获得一致性叙述所必需的洞察力，我们过去的伤痛就能开始痊愈。与此同时，这也是在为和孩子形成安全型依恋关系做准备，这种牢固的亲子关系是孩子复原力的来源，而且维持一生。这是我们为自己、为亲子关系、为孩子所能做的最重要的事情之一。所以，我们要努力塑造自己的开放式大脑，它会成为我们可以传给子孙的宝贵遗产。

THE YES BRAIN

第 5 章

共情力
善于沟通，丰富人际交往

第 5 章
共情力

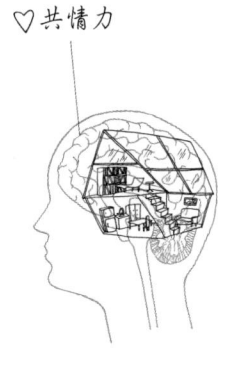

♡共情力

1岁多的孩子用玩具猛敲你的头,在你表现出很疼的样子后,他仍咯咯笑,毫无悔意。也许你很难想象这个孩子长大以后会是一个能关心别人、有同情心的人。5岁的孩子穿着短斗篷,戴着礼帽,要求房间里每个人都停下手头的事,坐下来观看他的即兴魔术表演,而且表演起来没完没了,甚至表演不结束就不让人去洗手间。他的自我中心也可能让你怀疑他长大后能否考虑他人的感受。

我们认识一个叫凯文的16岁男孩,他基本不以自我为中心,体贴又富有同情心。但凯文也只是个普通的青少年,也像大多数青少年一样,有时会自私、冲动或刻薄。不过总体来说,他能关心他人,考虑他人的感受。

例如,在爸爸的生日那天,凯文没有如约跟朋友们出去玩,而是陪爸爸过生日;他会经常拥抱爷爷奶奶,哪怕是在公共场合;在公共汽车上,他会主动给需要座位的人让座。大家经常称赞他是个"小暖男"。

这个例子是不是不符合人们对青春期的孩子不友好、自恋、自私的刻板印象?你或许会认为凯文天生就是个富有同情心的孩子,其实不是。

凯文小时候几乎从不考虑别人的感受和想法，到快上初中时还是如此，他的父母为此很担心。凯文的妹妹却天生就善于关心他人，善于共情，以至于父母不得不经常提醒她不要过于舍己为人，应该多维护自己的利益。但凯文显然需要培养为他人着想的能力。他总认为任何和他意见不一致的人都是错的，他总是拿走第一块生日蛋糕，总是把最后一块比萨据为己有。即使把别人惹得伤心气恼，他也满不在乎。而且，他还有点儿爱欺负妹妹和同学。

后来，经过凯文父母多年的引导和以身作则，并运用我们介绍的策略，他们欣喜地看到凯文成为一个具有共情力的少年。可以预见他将来会成为一个能关心他人的成年人，具有很强的人际交往能力，能够深入理解他人。凯文正在形成开放式大脑的第四大基本特质——共情力。通过帮助他形成这种能力，凯文的父母赠予他重要的人生礼物，这将改善他未来的生活品质。

关心他人、有共情力的人更少沮丧、气愤，更少评判他人，尤其是当共情力使他们采取对他人有益的行为方式时。共情是大脑整合良好的表现之一，我们能够感受另一个人的情感，但不会变成他，也不用太认同他。当感觉不到个体的差异化时，共情会令人不堪重负，导致身心疲惫。而我们所说的源自大脑整合的共情能保持自我的差异感，在不丧失重要的差异化特性的前提下保持开放，并与他人建立联结。整合不是混合，不是变得同质。整合是平衡区分和联结。共情力越强的人越重视道德，对他们来说，做正确的事情非常重要。如果能将共情力与洞察力结合起来，就会形成第七感。第七感会使孩子们变得更有耐心和接纳性，更能理解他人，人际关系更紧密、更有意义，整体的幸福感更强。就像

第 5 章
共情力

视力能让我们看到世界一样,第七感能让我们看到自己或他人的内心世界,同时保持差异化的自我认知。

> 就像视力能让我们看到世界一样,第七感能让我们看到自己或他人的内心世界,同时保持差异化的自我认知。

由于反复的体验会改变大脑,我们有很多方法来培养孩子的第七感、共情和关怀他人的能力。我们可以通过强化大脑中相关的回路,在日常生活的交往中培养这些品质。这些回路涉及大脑的各个部分——下层脑的边缘系统和上层脑皮层。我们可以给孩子提供促进这些脑区生长和发展的机会。

孩子太自私了吗

父母们若在孩子身上看到类似凯文小时候的自私行为都会感到担忧。父母大多希望把孩子培养成关心他人、善良、有同情心的人,当看到孩子表现出自私自利、冷酷无情的性格特点时,难免会发愁。

当父母跟我们说起他们的担忧时,我们会提醒他们,在年幼孩子的大脑中,负责共情的脑区还没有得到充分发展。而且,共情和关心他人的能力就像开放式大脑的其他基本特质一样,是可以习得的。就像凯文一样,孩子们都可以培养出为他人考虑、关心他人的能力。后文中我们会进一步解释,但首先我们想提醒你,不要把孩子现在表现出来的以自我为中心扩大到各个方面,甚至扩大到未来。即不要对孩子看似缺乏共

147

情力的行为反应过于担心。

　　这可能是因为孩子还没发展到相应的阶段。从儿童发展的角度来看，孩子先考虑自己会提高他们的生存概率。但是来找我们咨询的父母经常会说这样的话："我觉得我的孩子反社会，她太自恋、太自私了，根本不知道考虑别人。"我们会问："您孩子多大了？""三岁。"此时我们会笑一笑，让父母们放心，现在担心孩子长大会反社会还为时过早。我们需要给孩子时间发展共情力。

　　有时候父母们会发现平时慷慨、富有同情心的孩子变得自私自利了，他们开始担心孩子会变得越来越没有共情力。对于这类情况，我们首先会问父母这是否有可能是孩子发展的一个阶段，孩子可能是在表达他需要什么。我们提醒父母，孩子的大脑和身体在快速改变，这些改变一定会导致行为和观点的改变。我们还会了解是否发生了什么或大或小的过渡性事件，可能对孩子产生影响，比如长牙、感冒、搬家、弟弟或妹妹的出生。此外，身体、认知、运动神经的快速生长也可能会导致其他方面发展的倒退。巨大的变化和令人吃惊的发展让父母们无从招架。

　　人一生的发展从来都不是可预测的、线性的，更多的时候是"前进两步，退一步"，有时还会颠倒过来或走进岔路。这意味着即使我们找到了解决特定阶段性问题的"正确答案"，情况很快也会改变。因此孩子似乎变得比平时更自私并不能说明他的性格出现了严重缺陷，会导致他成长为一个没有同情心的人。

　　虽然我们在探讨发展，但我们要提醒父母们注意一个重要的事实：作为父母，你需要关注的是当下。虽然你在培养孩子持续一生的能力，但是你只能做好当下的事情。不要基于孩子现在的表现去

第 5 章
共情力

烦恼孩子 15 岁或 20 岁会成什么样子。现在和未来之间还会经历很多发展。培养这些开放式大脑的技能是为了现在给予你支持，随着时间的推进，它们会成为未来的技能。虽然我们是对儿童发展进行过细致研究的专业人士，但有时孩子在几周或几个月里发生的飞跃还是会令我们吃惊。所以，不要担心，任何阶段性问题都不会一直持续，比如自私、睡眠、尿床、发脾气、不会写作业等。你女儿在大学毕业时肯定不会再咬她的朋友，不会没法坐在桌边好好吃饭，也不会无视周围人的感受和意愿。因此，不要去担心和烦恼长达一生的问题，而应该把时间分成小块来思考，比如按学期或季度来分。这就像如果你喜欢一本书，可以从段落、页和章等不同角度去思考一样。给孩子几个月的时间度过人生的这个阶段。你应该明白，只要你爱他、引导他、教育他、陪伴他，他就会顺利度过这个阶段，学会茁壮成长和发展所需的技能。

即使你没有发现孩子有体贴、关爱他人的性格特点，也不要对他们的性格做出宿命式宣判。要提醒自己，孩子在未来的日子会获得很多成长，我们应该集中力量帮助孩子培养能使他成为更有爱心和共情力的人的能力。虽然涉及未来，但是你需要关注的是当下。你现在与孩子进行的互动就是成长发生的地方。

> 作为父母，你需要关注的是当下。你现在与孩子进行的互动就是成长发生的地方。

记住，行为即沟通。当看到孩子有我们不喜欢的行为时，其实是孩子在告诉我们："请帮帮我，我需要培养这方面的能力！"（见图 5-1）

如果你的孩子学不会乘法表，你会让他多练习数学。同样，如果你注意到孩子缺乏共情力，就应为他提供机会，培养有共情力的开放式大脑。让我们快速了解一下对共情的常见误解。共情不是牺牲自我去取悦他人。有一些类似凯文妹妹的孩子需要父母经常提醒他们维护自己的利益。父母反复告诉他们，可以拒绝别人，可以提出自己的要求。我们不希望把孩子培养成不确定自己想要什么，也不能照顾好自己的讨好者。我们希望他们能感知并关心别人的感受，但不是迎合别人的意见、一味满足别人的要求。

但共情还有很多维度，而不只是了解别人的观点。很多政治家和销售人员对此很在行，他们用这种能力操纵别人。这就是为什么我们在教授共情时，强调不只是要了解别人有什么感受和他们想要什么，还要培养关心他人的能力。这涉及人与人之间是如何相互联结的。

虽然每个人都是独立且独特的个体，但我们都会影响他人，并受他人的影响。出现在我们生活中的人是我们人生的一部分，而我们也是他们人生的一部分。我们彼此共同组成了"我们"。共情力能让我们认识到每个人都不只是"我"，还是相互联结的"我们"的一部分。对这种联结的全面认识有助于我们形成整合的自我，不仅会使我们能够关怀他人，而且能让我们拥有富有意义和联结的生活。

第 5 章
共情力

我们看到的行为

真正传递的是什么

我需要培养共情力。

图 5-1　行为即沟通

五维共情力

人们对共情的认识常聚焦于感同身受和关心他人的状况。这就是电影《杀死一只知更鸟》(*To Kill a Mockingbird*)中阿提克斯·芬奇(Atticus Finch)所说的,除非我们"钻进别人的身体,在别人的身体里到处行走",否则我们永远也无法真正理解他人。这段话很形象地描述了共情的状态。

我们用"共情钻石图"来展示共情的五个维度,也是我们关心他人、对他人感受做出回应的五种方式(见图5-2)。

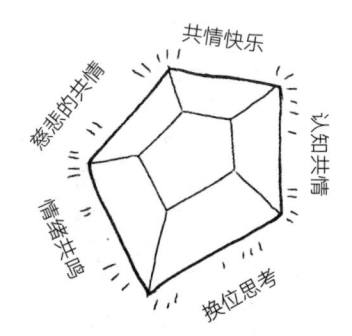

图 5-2　共情钻石图

1. 换位思考:透过他人的眼睛看世界
2. 情绪共鸣:感受他人的情绪
3. 认知共情:从智识方面理解或了解他人的全面体验
4. 慈悲的共情:感受他人的痛苦,并希望减轻他人的痛苦
5. 共情快乐:从他人的幸福、成就和快乐中感受到快乐

共情的五个维度全面解释了感同身受并帮助他人具体指的是什么。当我们为他人服务,成为改变的主导者时,我们就找到了真正的道德感。换言之,共情力能直接促使我们做出符合伦理道德的决定,因为如果我们关心他人,就不太可能对他人撒谎、偷他人的东西或欺

负他人。利他的行为同样能利己。当我们反复感受到他人的痛苦，而不采取行动减轻这些痛苦时，我们就会感受到共情疲劳。我们说到鼓励孩子提升共情力时，我们想培养的是共情钻石图的所有维度，包括维护他人利益和提供帮助。我们希望孩子能成为世界中的主动者，这会给他们的生活带来更多快乐。为他人服务其实是让自己的生活变得更美好的好办法。

提升共情力

我们之所以能让父母充满希望，是因为我们对孩子开放式大脑的培养都是在日常互动中进行的。教养不只发生在我们和孩子进行有意义的严肃对话时，还常常发生在我们和他们玩耍、阅读、争论、开玩笑或出游时。**神经可塑性证明任何体验都会或好或坏地塑造大脑，影响孩子成年后会成为什么样的人。**

当谈到共情时，父母的说教开始了："你应该关爱……因为……"这样的说教绝不会像体验那样给孩子留下持久的印象。进行关于共情的对话当然重要，但更有效的是父母的榜样作用。父母如何做到倾听他人、考虑他人的观点、关心他人，尤其是当孩子遇到困难时父母如何理解、关心他们，这些都有助于培养他们的共情能力。当孩子看到你关心他人、在意他人的需求时，他们会认为就应该这样做，共情会成为他们自动、默认的处世方式。

但是，发展关心他人的大脑不只是教授共情或以身作则。帮助他人会使孩子感受到满足和快乐，他们能由此学会共情。不在乎他人会让他们体验到不好的感觉，懊悔自己的决定，这也能使他们更懂得共情。如果童年时本该帮助别人，但没有帮，大多数成年人会记得这种感觉有多糟糕。每当想起来，他们依然会感到后悔。这些时刻都是能培养共情力的机会。我们的目标是塑造孩子的大脑，使他们在深层认知上重视他人，关心他人的感受。我们想调动孩子相关的神经回路，促使他们能考虑、关心他人。除了把共情教给孩子，为他们做榜样之外，我们还能怎么做？我们可以引导他们的注意力，让他们关注他人的需求。对某种体验或信息反复关注就会激活相应的神经元，加强神经元之间的联结。我们想激活与共情力相关的神经元，促进它们的联结。我们想让孩子的大脑在共情力方面形成 SNAG（见图 5-3）。

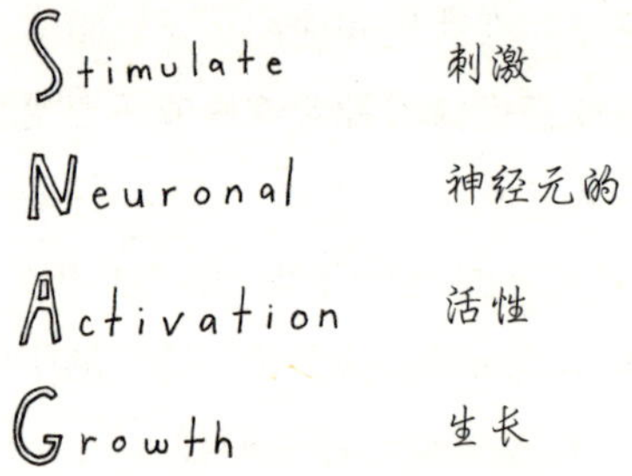

Stimulate　　刺激

Neuronal　　神经元的

Activation　　活性

Growth　　生长

图 5-3　共情力的 SNAG

记住，注意力在哪儿，与之相关的那些神经元就会放电。哪里的神经元放电，哪里就会形成神经联结，由此形成大脑中的神经网络，继而形成大脑整合。当我们把孩子的注意力吸引到关注他人上时，他们的共情力就开始形成 SNAG，因为这种注意模式会使神经元以提升共情力的方式放电并形成神经联结。

这就是凯文的父母在他年幼时所做的事情。他们引导凯文关注他人的感受、想法，教会他顾及其他人的情感，从而强化了他大脑中与共情相关的神经联结，使他成长为一个体贴、有爱心的16岁少年。当他们陪凯文读《老雷斯的故事》时，会问他："现在老雷斯有什么感受？为什么万斯勒把树都砍了会让他那么生气？"在与凯文一起看电影时，他们会按下暂停键，然后问他："当老黄狗举止异常时，你觉得特拉维斯为什么会难过？你认为特拉维斯应该怎么做？正确的做法是什么？"通过引导凯文留意人物的情绪和动机，他们帮助凯文跳出自我，认识到书和电影中的人物有着与凯文非常不同的个人考虑和思考。

有了故事的练习，再提到现实中的类似问题就容易多了："阿齐兹太太今天上课时更容易发火，你觉得她今天上班前可能遇到了什么事？"在日常互动的简单对话中，类似"你觉得阿什利为什么难过""我们能怎么帮他"等基本问题，为培养第七感、共情力和增加对他人想法的了解搭设了脚手架（见图5-4）。

多年来在无数次类似的对话中，凯文的大脑变得越来越整合，他从自私自利的孩子成长为能关心他人、更有道德感的少年。整合的大脑激发了凯文的善良和同情心。

图 5-4　关心他人的共情力是可以培养的

第 5 章
共情力

凯文父母引导凯文提升共情力的另一个举措是,让他感受自己的消极情绪。正如我们反复强调的,**教养的目的不是让孩子成长为你想要的样子,而是允许他们成长为他们自己。培养拥有共情力大脑的目的是给予孩子更多技能,而不是把他们变成你想让他们成为的人。**

我们在前文已经谈过一些过度保护会造成的问题,过度保护会使孩子无法从失望、挫败,甚至失败中吸取教训,增长复原力。被安全气泡膜包裹的孩子的共情力也无法获得充分的发展,因为共情力常常直接源自消极情绪。当凯文的父母允许他感受悲伤、沮丧或失望,而不是在他一出现消极情绪就立即分散他的注意力或帮他解决问题时,他的共情力才能增长。因为他感受到的痛苦挣扎会在他内心开辟出理解他人痛苦的空间。当他陷入痛苦时,他的父母会陪伴他,支持他,但不会否认他的情绪或转移他的注意力。因为他们知道这有教育意义,知道健康地去感受消极情绪很重要。

在他很小的时候,比如在他奶奶离开家时,让他多哭几分钟,而不是马上用饼干转移他的注意力,来让他忽略自己的悲伤。当他长大一些面对更大的失望,比如上中学参加野外考察时被两个朋友疏远,而只能独自坐在大巴上时,培养共情力的做法是倾听他的担忧——他担心学校里每个人都不喜欢他,担心自己会永远没有朋友。在这种时候,一般父母特别想让他马上开心起来,马上提供建议,但凯文的父母没有这样做。他们首先会关爱地倾听,并让他了解痛苦是什么样的感受。他们会这样说:"听起来你好孤单,你担心这次野外考察之后再也没有朋友了。这真的很令人难过。"

在凯文表达了自己的想法和感受之后,他的父母会告诉他,感受这

157

些痛苦当然不好玩，但这有助于他理解和关心他人的孤独感和担忧。然后，他们会尝试解决问题，更多地了解情况，但这必须是在凯文体会了自己的情绪之后。

凯文的父母没有立即从消极情绪中解救他，没有让他绕开感受情绪的过程，从而帮助他提升了共情力，帮助他成为关爱他人的少年，未来成为能建立有意义的人际关系的成年人。

共情的科学

近几年，科学家对共情进行了更深入的探究。已有研究证实，人类的大脑天生就具有关爱他人的神经回路。12个月大的学步期幼儿就会试着去安慰难过、痛苦的人。学步儿虽然特别关注自己的需求和意愿，但他们依然会表现出为他人考虑和关心他人的能力，甚至会思考其他人的感受和意图。有一项研究观察记录了研究者和18个月大的孩子之间的互动。当孩子和研究者熟悉后，研究者会假装不小心弄掉一个东西，孩子通常会爬过去帮忙捡起东西。但是，如果研究者表现为故意扔掉一个东西，孩子能分辨出这是故意的，就不会帮忙捡。可见，18个月大的孩子已经能感觉出来成年人什么时候真正需要帮助。有趣的是，研究者对黑猩猩也做了类似的实验，结果是黑猩猩不太愿意帮忙，即使它们认识研究者，把研究者视为朋友。黑猩猩并没有表现出学步儿的共情力，学步儿的大脑中显然天生具有共情和合作的神经回路。

研究者还探究了共情来自哪里，以及它在大脑中是如何发展的。例如，有一项研究指出：人类存在情绪自我中心倾向（emotional egocentricity bias），它让我们认为我们对世界的看法一定与其他人的看法类似。我们依此推论，这种自我中心倾向如果达到极致，就会造成各种问题，比如自恋、成见、缺乏耐心、不宽容、刻板以及批评和我们意见不一样的人。当我们认为自己的看法比他人更好、更卓越或者更具真理时，我们就很难尊重他人、关怀他人，这就意味着双方之间很难有令人满意的对话，很难形成有意义的关系。

成长的一部分就是逐渐有能力克服这种天生的、本能的自我中心倾向。幸运的是，我们的大脑中有一个负责连接所有大脑回路的脑区，它能使我们注意到什么时候我们的自我中心特别严重，帮助我们调整思想。这部分大脑叫右侧缘上回，它位于上层脑（见图5-5）。作为在整体功能中发挥重要作用的一个脑区，我们可以看到同时受时间和经历影响的大脑发展如何形成孩子的共情力。

当右侧缘上回不能很好地发挥作用时，人们很有可能把自己的情感和境遇投射到他人身上，就像右侧缘上回还没发育好的孩子一样。但是，就像上层脑的很多其他脑区一样，通过反复关注他人的感受和体验，孩子的右侧缘上回会不断发展成熟。用得越多，就越强大。再次重申，**共情力是可以习得的能力，是可以被强化的"情绪肌肉"，是可以发展的脑区**。我们思考和练习共情越多，我们的共情力就会变得越强。

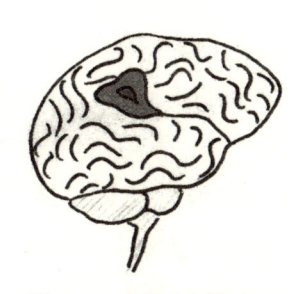

图5-5 大脑右侧缘上回

一项研究有力地证明了这个观点。该项研究的研究者鼓励中学老师更有共情力地对待学生，看这会产生什么影响。美国学校的辍学率一直在上升，教育研究者想找出其中的原因。有些研究者认为原因在于零容忍的惩罚性处分制度；有些研究者认为原因在于学生缺乏自控力；还有些研究者聚焦于教室过于拥挤，老师缺乏培训。

这项研究从不同的方向进行探究。研究者让来自美国加州的五所中学的老师完成两个在线模块训练，中间间隔几个月。训练先要求老师思考学生行为不端的原因，比如青少年所处环境的社会动态，青少年的身体和大脑中发生的生物学改变、激素改变等；再让老师们了解相关研究并倾听一些学生们的故事，这些研究和故事都是证明学术成功与安全、尊重、关怀的教育环境有关的。在线模块强调当学生感到被老师关心和重视时，他们的情绪和行为会得到改善。

你大概能猜到结果：与控制组相比，要求老师考虑学生感受的实验组的辍学率大大下降。参加这种"共情训练"的老师所带学生的辍学率只是原来的一半。由此可见，共情力在解决实际问题上有巨大作用，尤其是当该问题涉及与停学率相关的消极后果时，比如长期失业，甚至刑事犯罪。

所以，当我们说共情力对人们的生活具有潜在的巨大影响时，我们是认真的。大量研究证明了关心和共情的作用所影响的不只是孩子，也包括成年人。例如，研究发现，如果医生表现出"临床共情"，病人就会觉得更受尊重，对治疗会更满意。甚至有一项研究结果显示，如果医生诊治时使用的言语中充满了理解和关怀，患普通感冒的病人的免疫系统就会变强，康复得更快。除此之外，医生的诊断也会更准确，总体医疗效果都会有明显改善，医疗投诉也会减少；而且医生对工作的满意度更高，幸福感更强。

多个领域的类似研究证实了关心他人具有积极作用，共情力能减少

第 5 章
共情力

孩子的攻击性和行为问题，加强家庭和婚姻关系的稳定性，减少性侵事件和家庭暴力。科学证实了我们在自己的生活以及孩子的生活中看到的情况：关心他人，了解他人，能产生各种各样的积极结果，能使我们感到生活更有意义。

可见，**共情力的作用就是：通过共情创造出整合的生活体验；通过共情，我们既保持了个体差异化，又能与他人建立联结。**我们和他人分享内心的主观感受，于是两个独立的个体成了共同体"我们"的一部分。我们是社会人，共情力是创造整合的生活的有力工具，它很简单，但非常重要。

你能做什么：提升共情力的开放式大脑策略

开放式大脑策略 7：激活共情雷达

帮助孩子学会关心他人的最佳方法之一是，激活他们大脑中的社会参与系统，使他们能够透过共情和关心他人的眼睛来看待事情。我们把这种方法称为"激活共情雷达"。

活跃的共情雷达能帮助孩子接收他人的想法，他们就能注意到语言和非语言的信号。这有点像情绪读心术。这意味着，孩子能意识到什么时候自己话太多，什么时候别人的心情不好，或者要尽量做个有礼貌、好相处的人。这还意味着，孩子知道发现别人心情不好时，要更小心、更敏感，避免惹恼他们。当情绪雷达被激活，孩子会更留心、更愿意了解别人的心理状态。由此，他们可以更好地感受当时的情境，可以让氛围更欢乐，或者以某种方式减轻别人的痛苦，同时保持适度的利己。

能帮助孩子培养共情力、激活他们共情雷达的方法很多。就像我们在第 4 章中谈到的，你可以通过激发好奇心来重新定义情境，帮助孩子变得更善于发现，提出不同的问题。

当一位同学情绪失控，气愤地从操场上跑开时，孩子的第一反应是问："他发什么神经？"但你可以激发孩子的好奇心，通过提不同的问题，帮助他们重新定义整个情境："我在想他为什么会有那样的反应呢？"

我们可以帮助孩子重新定义情境，这样他们不会马上愤怒地进行指责和评判，而是会以好奇、接纳和友善的心态提出问题。重新定义情境的特点是提出角度完全不同的问题，这种简单的做法会为孩子，也为他们生活中的其他人创造出完全不同的体验。

角色扮演就是一种重新定义情境的实用方法。

你 10 岁的儿子非常生气，因为他的同学乔什像往常一样，又在手球比赛中作弊。你听过无数次这样的抱怨了，你决定来点新创意，和儿子进行角色扮演。你告诉他："现在我演你，你演乔什。"然后，你用儿子口吻说道："乔什，你玩手球时作弊。你明知道不能连续两次击球，却故意这么做，然后说有一个球出界了，其实在界内。"

扮演乔什的儿子很可能除了说"不是这样"之外，不知道该怎么回应。为了让儿子更深入地思考，你可以问他，他认为乔什为什么经常不遵守规则。你儿子可能会依然扮演乔什说："我从来没有赢过，所以有时候我会作弊。"或许他会想到他了解的乔什父母。

第 5 章
共情力

乔什爸爸经常引用文斯·隆巴迪（Vince Lombardi）的话——"赢不是一切，是唯一"，这造成乔什好胜心过强，没法接受失败。

你可能要给孩子很多次指导和推动，才能让他产生这样的认识。不过，你的扮演不一定要非常逼真。帮助孩子采取乔什的视角，你就是为他提供练习情绪读心术的机会，使他可以认识到乔什的行为背后可能是有原因的。这会让孩子变得更懂体谅，未来变得更宽容。

有时，让孩子的共情雷达更敏感的最好方法是把他们的注意力吸引到受害者或其他局外人需要帮助和支持的情境上。发生在校园里的典型例子是某个孩子被欺负。你可以假设一个情境或者运用你孩子知道的某个校园霸凌事件。大多数孩子都很容易对受害者产生同情。这时，你用一个简单的问题就可以达到引导的目的："你认为他为什么总被欺负？"你可以引导孩子讨论在受到威胁或欺凌时，最好的回应是什么。这同样适用于孩子被嘲笑、冷落或排挤等类似情况。引导孩子思考处于某个立场时的感受，能帮助他更好地使用共情雷达（见图 5-6）。

共情力的提升同样可以通过你和孩子的日常互动来实现。你可以和孩子进行关于共情的比较严肃的对话。但是，通常你只需要利用日常情境，不断给孩子提供为他人考虑的机会。例如，我们认识一位经常照看孙子孙女的奶奶。每天晚上睡觉前，她会与孙子孙女一起进行"祝愿平安祥和"的仪式。他们一起说："愿我的朋友卡金卡平安，今天在学校里她看起来很难过。"或者说："愿那些没有干净水可以用的人平安。"和孩子一起头脑风暴，想一想有多少人为他们的晚餐付出了劳动。这是促使孩子学会关心他人的另一个好方法。关心他人的感受能够开启微调共情雷达的新机会。

不要评判

教孩子运用好奇心

图 5-6　激活共情雷达

第 5 章
共情力

生日和其他节日同样是引导孩子考虑他人需求的机会。我们注意到现在的生日聚会有一种趋势，尤其是对于大孩子而言，那就是不给过生日的孩子送礼物，而只送贺卡。这种趋势当然没什么不对，但这无法像送礼物那样给孩子提供提升共情力的机会。若是送礼物，孩子不得不考虑朋友想要或喜欢什么样的礼物，这同样适用于送祖父母、叔叔舅舅或姑姑姨妈礼物时。而比起给别人买礼物，自己去给自己买礼物和让每个人在贺卡上签名就简单多了。你应该让孩子挑选礼物，然后用彩纸和胶水亲手制作贺卡，这样他们不得不思考如何能让他人开心。这会有效提高共情雷达的敏感性。

开放式大脑策略 8：丰富共情语言

培养共情力的另一种方法是教给孩子表达关心的语言。即使孩子具有共情力，对他人能感同身受，也常常不会表达他们的共情。所以，我们需要教给孩子更多的共情语言（见图 5-7）。

有时，是让孩子了解有效情绪沟通的基本原理，比如当某人很伤心时，先不要提供建议，而要先倾听。有时，是教给孩子经过实践检验的方法，比如从"我"说起，主要说"我"的感受，不要说你对"我"做了什么。"你没有把蜡笔放回去，这让我很生气"比"你总是弄丢蜡笔"更有效。

道歉的情况与之类似。当你的女儿不小心把弟弟推进泳池后，说"对不起"也能表达歉意，但教她说一说弟弟的感受就能更好地表达关切。比如这样说："我原本以为这会很好玩，但现在我知道你在落水前没机会吸气时，一定很害怕。我不应该这样做。"帮助她丰富共情的语言不仅有助于让她的言辞里蕴含更多关怀，而且能 SNAG 她的大脑，提升共情力。

165

告诉孩子，指责和批评会引发很多问题

> 你总是弄丢蜡笔。

应该从"我"说起

> 你没有把蜡笔放回去，这让我很生气。

图 5-7　教给孩子共情语言

第 5 章
共情力

我们能够教给孩子的最重要的共情技能之一是，当有人感到痛苦时，我们如何表达爱。我们希望帮助孩子留意别人什么时候感到痛苦，并告诉他们如何表达关切。对于年幼孩子的期望目标只不过是能说一说自己类似的经历，表达同情。这里有一个非常好玩的例子。蒂娜三岁的儿子叫本，他有个朋友叫安德鲁。安德鲁跟本说，他的狗最近死了。为了表达同情，本说他的两条鱼最近也死了。说完本沉默了一会儿，显然在努力回忆他和妈妈把死鱼扔进马桶，用水冲走的细节。然后他问安德鲁："你家真的有那么大的能冲走狗的马桶吗？"

> 我们能够教给孩子的最重要的共情技能之一是，当有人感到痛苦时，我们如何表达爱。

最棒的是，孩子愿意说一说和别人类似的经历来表达同情。随着长大，他们会想要提供有意义的帮助。他们的第一反应通常和我们类似：为感到痛苦的人提供建议，如"你应该如何如何"；或者试图减轻他人的痛苦，帮助他们看到好的一面，如"至少你还有另外一条狗"。这些善意的回应说明孩子会关心他人，我们应该表扬他们的善意。但是，**教授共情不能只教提供建议或发现他人好的一面，还要教他们如何倾听、陪伴和分享情感。**我们想教给他们这样的话："那一定非常令人痛苦""我不知道该说些什么，但对发生的事情感到很难过"（见图 5-8）。

在教给孩子共情语言时，我们一定要避免对孩子期望过高。即使是成年人，在心烦意乱时也很难有效地表达自己的情感。通过练习，年幼的孩子也能运用基本的共情沟通技能。当孩子学会了基本的共情语言，他们就为更深层的人际关系做好了准备，为成年后拥有更丰富、更有意义的人际关系搭设了脚手架。

教孩子提供建议……　　　　　　不如教孩子倾听和陪伴

图 5-8　教孩子如何表达爱

开放式大脑策略 9：扩大关心圈

当谈到培养关心他人的开放式大脑，我们通常想到的是教孩子关心他们身边的人——家人、朋友、同学等。但是真正的共情超越了只是关心我们身边的人和我们爱的人。培养关心他人的开放式大脑旨在扩大"关心圈"，增加对超出直接接触范围的人的关心。

我们可以用各种方法扩大孩子的关心圈。这些方法主要归结为让孩子接触他人的内心世界——让他们意识到自己可能注意到或没注意到的事情。当你所住的地区遭遇热浪来袭时，和孩子说一说无家可归的人会多么口渴，多少人会因为没有空调而受罪。然后一起思考他们是什么样的人，你们能提供什么帮助。或者，在下雪时，引导孩子想一想哪些邻居需要人帮忙清理人行道或不方便去商店买东西。如果我们能引导孩子意识到周围人的需求，他们中的大多数都很乐意帮忙。

参加志愿活动和社区服务是让孩子了解他人的困难的好方法。如果你担心孩子在自己的小天地里长大，不了解人间疾苦，那可以带他去福利院、养老院或医院看看，一起去做志愿者。但一定要注意孩子的年龄和发展阶段，不要超出他们的能力承受范围。让孩子了解和关心他人痛苦的最佳方式之一就是让他们亲眼看到。一旦意识形成，它就会自动生长、发光。

你还可以带孩子接触与你社会背景完全不同的人，由此扩大孩子的关心圈。可以参加某些体育活动或其他活动，使孩子能接触来自各种社区的孩子，这样孩子就会认识各种不同背景的人。美国大多数城市都有比较独立的国际社区。带孩子去那里的餐馆、图书馆或教堂，认识那里的人。不要带着旅游者猎奇的心理，而应该以开放的心态学习、了解其他人为人处世的方法。

对于如何扩大孩子的关心圈，不存在唯一的标准答案。关键在于寻找机会，让孩子接触更多人的观点和需求——包括他们认识的人和没有你的提示就不会想到的人。

THE YES BRAIN
如何让孩子自觉又主动

亲子互动 把共情教给你的孩子

培养关心他人的开放式大脑要从帮助孩子跳出自己的视角，考虑其他人的感受开始。我们发现教孩子"以他人之心去看"是很有效的方法。

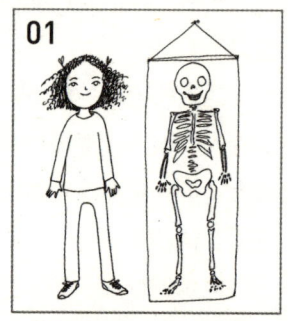

01 当你看着一个朋友，你可以看到他长什么样。如果照X光，还可以看到他的身体内部。

02 但是你知道你还可以用你的心去看吗？当你关注另一个人的情绪时会发生什么，比如，他是开心还是难过？是兴奋还是生气？

03 当你用心去看一个人的时候，你不仅会注意他的脸，还会注意他的身体。通过身体语言，你能判断出他的感受吗？

04 他叫卡特尔。如果你觉得他看起来很伤心，那你说对了。他伤心是因为学校里一个大男孩欺负他，把他推倒了。

第 5 章
共情力

卡特尔没有告诉洛蒂，他很难过，但洛蒂用心去看，她看出来了。她知道弟弟的心情，为他感到难过。

因为她是用心去看弟弟的，所以她知道她应该关心一下弟弟。她问了弟弟的感受，两个孩子决定找妈妈，看如何处理霸凌。

下次当你身边有人感到痛苦时，你要用心去看。注意他们的感受。如果你能觉察到另一个人的内心世界，你可能就知道应该怎么做了。

171

父母成长 | 如何提升自己的共情力

我们探讨了如何教给孩子共情的语言，使他们能表达对他人的关心，这会进一步强化他们同情、关爱他人的能力。现在我们想给作为成年人的你介绍一种方法，当你在生活中遇到陷入困境的人时，可以用这种方法来应对。这种方法的关键在于你既要保持自我的差异化，又要去了解他人的感受。整合是慈悲的共情的核心，研究显示当我们帮助他人，而不是把他人的痛苦看作自己的痛苦时，我们才能在关怀他人的同时保持平静。失去差异化的情绪共鸣会导致身心疲惫和封闭，如此我们哪还有能力帮助他人。

提升自己的共情力的重点之一是培养对自己的共情，也有研究者称之为"自我同情"。父母可以学着对自己好一点，支持自己，不要对自己太苛刻。我们善待自己的行为会给孩子起到示范作用，使他们学会正确对待自己的方式。

对自己共情是一种积极态度，这不是不自律或降低自我要求。想一想你是怎么和自己的好朋友交流的。你敞开心扉倾听他的表达，不会随便评论，陪着他，以接纳的态度对待他所说的话。你对好朋友充满同情和友善，不是吗？友善被视为是对另一个人的脆弱性的尊重，支持他但不求回报。同情是我们感知另一个人的痛苦的方式，思考怎么帮助他，让他感觉好起来，然后采取行动，帮他减轻痛苦。我们会对犯了错误的朋友说"没什么，我也做过同样的事"或"有时候人就是会这样"。

第 5 章
共情力

研究者克里斯汀·奈弗（Kristin Neff）提出了自我同情的三个重要的方面：留心，关爱，知道自己是人类社会的一部分。在培养自我共情的三要素时，你也会形成对内的友善和同情，并可以教给孩子。难道你不想孩子和他自己的关系是关爱和支持性的吗，就像他和一生最好的朋友的关系？这就是用开放式大脑的方法培养持续一生地对自我的共情。

THE YES
BRAIN

结 语

开放式大脑，开放式成功

当你思考成功对于孩子的意义时，你想到了什么？我们在本书里介绍了开放式大脑的成功，这种成功基于帮助孩子忠实于自己，同时引导他们的能力培养，使他们能平衡、坚忍、有共情力和洞察力地为人处世。当孩子能开放而接纳地对待自己的经历，欢迎新的挑战和机会，珍视好奇心和冒险精神，在经历逆境后对自己的优势和喜好有更充分的认识时，他们将会获得真正的成功。

但是我们要认清的是，这种"真正的成功"也许不符合现代社会对"成功"的定义。有一种"成功"驱使着很多家长和学校的行为，它不是建立在由内而外评价上的成功，而完全源自外部的评价。这种外部的评价让人们常常会感到失败，觉得自己有缺陷。现代的一些社会评价和学校环境使儿童和青少年处于一种僵硬的、基于恐惧的防御式大脑状态。他们会认为："我取得的成绩是衡量自我价值的唯一标准。"这是防御式大脑的思维，因为它对替代性的或探索性的观点完全封闭，这些观点可能不仅会改变过程，甚至会改变目标本身。它造成人们既没有平衡性，也没有复原力；既缺乏洞察力，也缺乏共情力。

我们不赞成这种防御式大脑的思维，不是因为它会导致失败。聚焦于外部成就甚至能造就极其符合社会评判标准的成功，比如因为成绩优异、体育或艺术成就受到老师或其他成年人的好评。这些外部的衡量标准以及可见的目标会促进这种成功。人们为了符合既定的规则和标准投入了大量时间和精力，而不是在探索我们到底是谁、什么能带给我们快乐和满足的过程中进行冒险，尝试新事物。严格遵循世俗评价规则通常是赢得老师和其他权威人物认可的最确定的方法。

但是，我们希望孩子达到的真正成功显然不是别人的认可。我们的核心目标不是帮助孩子变得善于取悦别人，尤其因为这意味着会让孩子失去来自探索、想象、好奇心和其他冒险的意义和乐趣。我们当然希望孩子在学校和各种活动中能表现良好，就像我们希望教给他们社交技能，使他们能与人和睦相处，在各种环境中都能舒服自在一样。无论是成绩优异、竞争力强的孩子，还是成绩不好的孩子，获得他人认可都不是人生的最终目的。我们不希望孩子将这种外在动机作为他们重要决定的判断标准。

难道我们愿意孩子无法认清自己，无法找到对他们来说最重要的事情，不知道什么能让他们有成就感，什么能给予他们意义、联结和平和，什么能使他们获得真实的幸福吗？在追求真实幸福的过程中，孩子也可以取得很大的成就，也会获得很多认可和荣誉。而且，他们的动机

结语
开放式大脑，开放式成功

来自内心，而不是为了取悦他人。

如何帮助孩子获得这种内在的成功？对父母来说，这始于承认和尊重每个孩子的自我。每个孩子的心里都有一个火花，这是独特的性格和各种经历的结合。我们希望让这个火花越烧越旺，帮助孩子变得快乐、健康，努力成为他们能够成为的最好的自己。**防御式大脑的反应性会遏制好奇心，会扑灭孩子内心的火苗。**与之相反，开放式大脑为灵活、坚忍和力量创造条件，让每个孩子独特的火花能被点燃，能越烧越旺。

重视孩子的内在火花

"内在火花"将我们带回那个古希腊词 eudaimonia，它的意思是"圆满丰盈的幸福"，指的是充满意义、联结和平和的生活。这个词道出了开放式大脑的含义。前缀"eu-"的意思是"真实的"或"美好的"。"daimon"指的是我们具有的内在火花或真实自我，就是作家伊丽莎白·莱塞（Elizabeth Lesser）所说的内在本质，它是"每个人内在独特的品质，它很强大，发着光"。作为父母，我们是孩子独特的内在火花的守护者。当我们把"eu-"和"daimon"结合起来，就得到了圆满丰盈的幸福。它关系到真实而美好的生活品质，这源自承认并尊重我们独特的内在本质。

难道你不希望孩子成年后能体验源自对内在本质认识的这一切？就如莱塞所说："认识自己内在本质的人具有类似的特点。他们既温和又强大。他们不会过分在意别人怎么看他们，但非常关心他人。他们和自己联系紧密，也因此可以开放地对待他人。"这准确地描述了开放式大脑型成功，就像 eudaimonia 是希腊语的"开放式大脑"一样。

开放式大脑教养法就是帮助孩子始终紧密围绕其内在本质，形成真实的内在指南针。用莱塞的话说就是，对内在指引具有强烈意识和尊重的人"平和自在，不伪装，不矫饰，表里如一"。想象在为人父母的过程中，你可以坦诚地对孩子说："最后你会由衷地认识到，你最可以信任的是你真实的自我。"

开放式大脑通过这种方式给予你的孩子内在的力量，由此可以形成内在的指导原则——圆满丰盈的幸福状态。内在火花不是固定不变的存在，每个人的内在本质也不是永远不变的。我们应该认识到每个人都可以找到内在动机的焦点，都可以尊重内在真实地活着的感受。与内在本质的联系和圆满充盈的幸福感，会让生活充满意义、联结和平和。

生活充满意义的你会知道自己人生中真正重要的是什么。联结就是以开放的心态与他人、与自己进行交流。平和是获得平静稳定的情绪的能力，能够感受丰富的情绪并达到平衡，拥有丰富的内在和良好的人际关系，这些生活使我们能够做自己，使我们知道自己能成为什么样的人。

开放式大脑的反应方式能让孩子为真正成功的生活由内而外地做好准备，他们会对内在指南针有深入的认识，从而找到自己的意义感和价值感。这意味着重视内在的旅程，而不是只关注最终的目标。这意味着珍视过程甚于结果，鼓励合理的努力和探索，而不只是鼓励外在可测量的成就。如果我们把狭隘的成功定义强加给孩子，这一切就不会发生。

结语
开放式大脑，开放式成功

相反，**我们应该帮助孩子发现真实的自己，这样不仅能让他们成功，而且这种成功源自他们的天赋和意愿，也契合他们的天赋和意愿。**

重新定义成功

现在，想一想自己的孩子。你对他们有什么期望？所有父母都希望孩子幸福、成功，但幸福和成功到底是什么？外在的认可和荣誉没什么问题，比如好成绩、音乐奖项、体育成就等；但是我们担心的是它们对成功的定义太局限。我们看到很多父母只关注有形的外在成就，疏忽了和孩子的情感交流，疏忽了帮助孩子形成开放式大脑的内在指南针，别人的期望成了孩子唯一的方向。我们担心不使用开放式大脑的教养方式有时会让我们付出巨大的代价。

这就是为什么我们认为应该扩大成功的定义。开放式大脑的成功当然给外在的成就和荣誉留有空间，但它始终关注着长期目标，那就是基于平衡力、复原力、洞察力和共情力，发展孩子的内在指南针。开放式大脑的成功最终是帮助孩子发展整合、联结的大脑，这样他们的生活中会有丰富的人际交往，会和世界进行有意义的互动，会情绪平和。换种说法就是，开放式大脑并不妨碍你的孩子取得成功或有优异的表现。但是它能避免防御式大脑造成的很多短期和长期的缺点和代价，比如短期的焦虑和逆反性，长期的不够平衡，缺乏韧性、自我理解和共情力。开放式大脑的成功聚焦于过程，而不是外在强加的某个目标，这个目标可能不符合孩子的特点和意愿。

THE YES BRAIN
如何让孩子自觉又主动

> 开放式大脑的成功当然给外在的成就和荣誉留有空间，但它始终关注长期目标，那就是基于平衡力、复原力、洞察力和共情力，发展孩子的内在指南针。

你能读到这里，说明开放式大脑的理念能吸引你。你很在意帮助孩子建立健康的自我意识：有发展稳固人际关系的意愿和能力，关心周围的人；也有应对人生中不可避免的痛苦和挫败的复原力；还有做正确的事的意愿，想过有意义的生活，甚至为此愿意冒险。你想让孩子的内在火花烧得更旺，这样孩子会发现什么能给予他们快乐和成就感，如何能充分利用他们独特的天赋和才能。这就是真正的成功。

但是，通过养育我们自己的孩子，通过每年和成千上万的父母们交谈，我们知道父母们很容易被另一种"成功"诱惑。即使你下决心要从开放式大脑的角度来教养孩子，你依然会发现同辈和担忧对你的影响超出了预期，或者发现你在让孩子替自己生活，相信孩子的成功就是你自己的成功。在很多地方，成就和成绩都非常受重视，让人很难聚焦于开放式大脑的原则。例如，强调平衡的生活方式，不要把孩子的时间安排太满，给孩子留更多休息时间，这样做，在孩子很小的时候还比较容易。但是，随着孩子长大，同伴竞争、担心我们不严格会害了孩子、社会文化的影响以及社区或学校对孩子的期望，都会干扰我们的判断。因此，很多家长一旦踏上"成功跑步机"就下不来了，为了追赶外在评价的成功，他们逼着自己、孩子和全家人越跑越快（见图6-1）。

结语
开放式大脑，开放式成功

图 6-1　成功跑步机

很多父母不知不觉中接受了一些含糊而可疑的成功假设，比如上了名校就可以保证人生成功，所以他们也逐渐接受了同样含糊而可疑的教育理念，比如，作业越多，学到的知识越多。有些父母即使负债也要给孩子聘请私教和一对一老师，他们报名参加每一个可能让孩子全面发展，使孩子离名校更近一步的辅导班。在孩子刚学会走路、说话甚至在还没学会走路、说话时，这些愿望就开始支配父母们的养育决定。于是，家庭生活开始围绕着结构化的日程安排、课外活动、语言课程、专业训练，等等。看一看这台令人精疲力竭甚至具有破坏性的"跑步机"吧，接下来会怎样？他们又在孩子已经很满的日程里塞进心理课程，希

181

望这样他们可以更好地管理由其他忙乱的日程安排所造成的压力。

这是否引起了你的一点共鸣？如果是，那你并不是唯一有共鸣的人。很多家长在教养孩子的路上感到身心疲惫、难以招架。为了达到符合外部标准的成功，相应的生活方式和价值观驱策着他们和孩子不停奔跑。虽然我们可以理解父母的初衷是想保护孩子，但现实是这个美好的意愿被误导了，因此父母们常常会困惑，为什么他们的孩子没有对自己的坚定认识，对进入社会如此没有准备。防御式大脑对成功和成就的定义在驱使着家庭、学校以及从中获利的机构，这和"儿童茁壮成长需要什么"的研究结果背道而驰。一些幼儿园甚至会给孩子留作业，帮助他们为严苛的小学做好准备，而这个年龄的孩子甚至还拉不好外套的拉链，打不开奶酪条的包装盒。

如今很多专家在谴责和担忧优秀学生中常见的焦虑和抑郁，更不用提那些"后进生"了。由于过于强调成就和外部动机，很多孩子的童年变得充满压力和焦虑，孩子们努力迎合家长和学校对他们的期望，无法在成长过程中自由地发展和探索。即使在班级里名列前茅，他们也感受不到圆满丰盈的幸福，而只会觉得自己不够好。由于生活中只有一种衡量成功的外在标准，因此在谈到真正有意义和重要的事情时，他们脑中一片空白。孩子不爱学习，感觉不到教育带来的提升感，不能通过玩和探索进行最有效的学习，而是感到被各种课程和活动压迫着，无法喘息。**对外部成就的过度关注会影响家庭生活，破坏开放式大脑，扑灭内在火花，而孩子的好奇心、创造力和对学习的热爱都源自内在火花。**过度关注会侵蚀童年、破坏良好处世方式的说法不是危言耸听。

结语
开放式大脑，开放式成功

在和父母们交谈时，很多父母表示他们不赞同给孩子留那么多作业，他们常常觉得孩子的负担太重，日程安排得令人难以喘息。他们并不认同这种疯狂的竞争。研究也支持了他们的看法，当作业超过一定数量，除了会剥夺孩子的睡眠之外，没有任何其他作用。但是从这个"成功跑步机"上下来又会让父母们担忧，担心只有他们的孩子跟不上，从而失去竞争优势。这令他们害怕，他们不想让孩子受到不公平的对待，不想失去任何机会。正如一位父亲所说："我听说过这个研究，我也愿意减轻孩子的负担；但我们需要面对现实，我不愿用孩子的未来作为赌注。"

因此，这些父母本着为孩子提供最好条件，保护未来选择权的精神，继续在孩子的日程里塞入课程和活动，继续让孩子点灯熬夜，而一切都是以成功为名。但是，他们所提供的并不能帮助孩子培养成长型思维，也不能帮助孩子养成应对逆境所需要的坚忍精神。这些父母不是花时间和孩子一起体验开放式大脑时刻，而是担心没有给予孩子"所有有利条件"。他们认定让孩子掌握一项技能，如艺术、体育、学术等，是对孩子做的最好的事。因此，没有时间或空间留给玩耍、想象、探索或亲近大自然，而正是这些能带来真正的成功和内在的平和与快乐。

蒂娜清楚地记得几年前她发现自己在"成功跑步机"上奔跑的情形。

在她和两岁的儿子要去参加主题为"妈妈、音乐和我"的课程时，她发现儿子趴在客厅的地板上，全神贯注地研究一些嵌套水杯。想到他们有可能要迟到，而且让儿子放下他钟爱的水杯肯定会引发一场争执，她就开始感到沮丧。

但是在发动争执前，她克制住了，笑话自己为了准时参加两岁孩子的充实课程而焦虑，而塑料水杯已经让儿子感到很充实了。她放下她的手袋，脱掉鞋子，坐在儿子旁边的地毯上。她和他一起好奇地探索，为什么这些杯子能如此完美地嵌套在一起。这个举动避免了不必要的争执，但我们也不能总让孩子随心所欲。

孩子在童年时期要认识的最重要规则之一就是：我们并不能总是得到我们想要的。我们在这本书里反复提到了这个观点。但是在当时的情况下，蒂娜没有理由和她年幼的儿子发生争执。他们在地板上共度的时光比和其他孩子一起唱几句学校教的儿歌有价值得多。

> 我们不能总让孩子随心所欲。孩子在童年时期要认识的最重要规则之一就是：我们并不总是能得到我们想要的。

我们俩都承认，很多时候我们会错失这样和孩子共度的机会。所有的父母都是如此。有时候因为我们太忙，没有注意到孩子当时的需求，没有参与他们感兴趣的事情，没去了解他们在关注什么，没有分享他们探索时的激动心情。有时候因为我们努力"充实"我们的孩子，忽视了他们的内心世界，这说明我们在做具体的事情上投入得太多，

结语
开放式大脑，开放式成功

没有真正地陪伴他们或者思考他们真正需要什么。在这个例子中，蒂娜能够检讨自己，从"成功跑步机"上下来。通过这样做，她可以和儿子亲密互动，这是按时去参加课程所得不到的，而且那样做会损害孩子天生的好奇心。

即使孩子长大一些后，把他们的所有时间都投入到大提琴课、排球培训班、课后辅导班上依然会造成严重的不良后果。我们应该认识到孩子的基本需求，让孩子做孩子，让孩子有时间玩。这样他们的好奇心和激情才能得到滋养，才能继续生发，否则就会受到抑制，逐渐关闭。尽管父母们出于好意，但课外班和课外活动常常对大脑和心理的发展起到反作用，它们其实会限制真正的发现、成长、目标、幸福和自我理解。父母的努力常常出人意料地产生了反效果，使孩子对一项本来他们能擅长和喜欢的活动产生反感。

为什么充满关爱、好心好意的父母也会像很多家长一样这么做？其中一个原因是外部目标是我们能够看到的，可以用具体的方法对它们进行衡量。这让我们能够获得一种掌控感，具有心理学家所说的能动作用，它是选择和行动的来源。这会让我们感到自己充满了力量。有了外部目标，我们可以选择一个方向，让孩子向着它前进，看我们是否能到达那里。内在目标——培养情绪调节能力、复原力，了解内心世界，培养好奇心、创造力和慈悲心，以及鼓励对他人的洞察和关心，都是孩子内在的特点，通常不容易被识别。内在目标是社交商和情商的关键，也是培养坚忍和复原力的关键，但我们看不到它们，甚至很难衡量它们。所以我们常常会选择简单的道路，跳上外在的"成功跑步机"，进入实现外在目标的激烈竞争，看不到我们可以追求的内在目标，甚至不知道内在目标的存在。

能够被衡量的是什么？平均成绩、标准化测试分数、大学录取。这些本身不是糟糕的目标。但是当对它们的重视程度超过了对发展孩子内在指南针的重视时，就会产生深层的、持久的，有时是毁灭性的消极后果。例如现在的青少年比以前更焦虑、更有压力、更抑郁。在面对不确定的世界时，由于成长过程中只关注外部成就，没有被给予平衡、复原力、洞察力和共情的开放式大脑技能，他们不得不以糟糕的准备状态迎接未来人生的挑战。

最后，我们认为让孩子参加各种活动和课程并不会有问题。**丰富性是孩子生活中重要的一部分**。通过体育运动、音乐课和其他课程，孩子**可以培养社交技能、自律能力和其他带给他们自信和竞争力的能力**。我们承认成就或掌握知识很重要，学习成绩优异也很重要。尤其是如果孩子对某个科目特别感兴趣，我们当然要鼓励。但是，我们也必须考虑"代价是什么""这是为了我还是为了孩子"等问题。

防御式大脑型成功

丹尼尔认识一个年轻人，让我们叫他艾瑞克吧。他是"防御式大脑型成功"并伴生各种缺点的典型代表。最近，艾瑞克从一所顶尖名校毕业了，他取得了很多荣誉和成就。在此之前，他在预备学校里一直保持着一流的平均成绩，还是位体育明星，并参加了春季音乐剧的演出。他在大学里也成绩优异，毕业后立即找到一份梦寐以求的高薪工作。

结语
开放式大脑，开放式成功

最近，艾瑞克和丹尼尔说，他感到迷茫，不知道自己到底是谁。尽管他接受了非常好的教育，取得了亮眼的成绩，但依然充满了疑惑，需要进行大量的自我发现和发展。在成长道路上他获得了很多荣誉和奖励，多到可以把他的大办公室装饰满，但他还是没有找到人生的目标感。

虽然，艾瑞克还很年轻，有很多时间去发现他是谁，发展他的开放式大脑，但是，这位才华出众的年轻人直到最近才刚刚开始提出有助于发展内在品质的问题，而这些内在品质对充满乐趣和意义的人生来说至关重要，这还是让人感到有点遗憾。艾瑞克的内在指南针还没有形成，他感觉生活失去了平衡。此外，他缺乏必要的复原力，复原力有助于他经受住存在主义的暴风雨，对自我认同的疑惑引发了这场暴风雨。在多数人看来前途无量的事业刚刚起步时，艾瑞克却不确定自己是否想从事这份工作，不知道什么想法和可能性会令他兴奋。

无论在艾瑞克年幼时，能让他情绪和头脑兴奋起来的事物，即内在火花是什么，现在都处于休眠状态，在等待被重新点燃。令人难过的是，艾瑞克的父母只关注外在成就，没有留意他的内在体验。在艾瑞克的童年和青春期，他的父母几乎没有采用任何开放式大脑的教育方式。在艾瑞克一步一步取得各种外在的成功时，他的内在火花被扑灭了。现在，艾瑞克处于成年初期，生活中没有圆满丰盈的幸福。艾瑞克知道如何取悦他人，但不知道如何引导自己找到生活的意义。过于重视容易衡量的外在价值和结果损害了内在价值，而能带来真正持久成功的正是内在价值。

再次强调，艾瑞克取得的"成功"没什么不好。我们不是在反对专注的努力、良好的学习习惯和名校，而是想表达，学术和事业上的成就只是成功的一部分。这是一种狭隘的成功，不需要追求真实的幸福和有意义的生活就可以实现的成功。

而且，这种狭隘的成功很可能根本不符合孩子的本性。我们都知道专制而强势的父亲是什么样，他会强迫没有运动天赋的儿子从事体育，尽管孩子想从事音乐或戏剧。把学术或事业目标强加给显然有其他目标和愿望的孩子难道不会有问题吗？如果你处于青春期的孩子对取得优异的成绩特别有热情，那你应该尽力支持这份热情。但是，在这样做的时候，依然要注意提供有益健康的"心智营养餐"，依然要注意帮助孩子发展他们自我的各个方面，发展开放式大脑。

这就是为什么我们说纪律、成就和成功等概念的参数需要被完善，以适应儿童及其大脑的良好发展。现代研究相信真正的心理健康，比如开放式大脑的幸福和成就，并非源自追求某项专业成就，而来自广泛的兴趣和追求。因为丰富的挑战和大脑各个部分的发展有助于整个大脑的成长与成熟，所以开放式大脑对孩子的成长最有利。

测一测：你在激发孩子的内在火花吗？

在本书接近尾声时，思考一下你们家的日常生活和互动是否在鼓励和促成孩子开放式大脑的发展。问自己：

1. 我是否在帮助孩子发现他们是谁，他们想成为谁？

结语
开放式大脑，开放式成功

2. 孩子参加的活动能否保护他们的内在火花，让它越烧越旺？这些活动有助于发展平衡力、复原力、洞察力和共情力吗？
3. 家庭的日程安排如何？我是否给孩子留有体验的时间，使他们可以学习、探索、想象，还是孩子的日程太满，让他们没时间放松、玩耍、创造、满足好奇心、做孩子该做的事？
4. 我是否过于强调分数和成绩？
5. 我是否让孩子们感到他们做了什么比他们是谁更重要？
6. 逼迫孩子做得更多或更好是否破坏了我们之间的关系？
7. 什么是我们争论、关心、投入时间和精力的事情？我和孩子们交流这些价值观的方式如何？
8. 我和孩子交流的方式有助于他们内在火花的燃烧还是会扑灭它们？

这些是我们在整本书中探讨过的关于开放式大脑的问题。问一问自己我们把钱花在了哪些方面，我们的日程安排是怎样的。我们和孩子争论最多的事情常常能揭示我们认为重要的和我们实际重视的事情之间的不吻合。如果你也像大多数父母一样，你会发现在很多时候你在激发孩子的内在火花，督促他们发展强健的开放式大脑。但在另一些时候，你们的互动和日常生活并没有支持孩子的火花，甚至有扑灭它们的危险。

对我们来说，这其实很简单，虽然不一定容易。帮助孩子培养开放式大脑的目标可以总结为两个：

1. 允许孩子成长为他们自己，而不是把你的需求、愿望和设计强加给他们。
2. 留意孩子需要你帮助他们培养能力、获得工具的时机。这些能力和工具是孩子们茁壮成长所必需的支持。

如果我们能聚焦于两大目标，尊重每个孩子独特的内在火花，同时教给他们获得内在指南针和美好生活所需的能力，我们就会创造一种环境。这种环境有助于孩子创造充满快乐和意义的人生，也就是具备开放式大脑的人生。

这就是圆满充盈的幸福和真正的成功所在：让孩子有机会了解自己是谁，追逐他们的愿望和热情，拥有丰富充实的人生。帮助他们培养自我调节的平衡力、克服逆境的复原力、了解自己的洞察力和关心他人的共情力。这些是通过培养开放式大脑可以获得的能力。如果你支持孩子发展这些能力，就会引导他们走向真正的成功。他们依然会面临各种挑战，但是当他们遇到或大或小的困难时，他们会拥有应对的力量，清楚地知道自己是谁及信念是什么。

我们深切地希望，你能逐渐体会到开放式大脑教养法帮助你和孩子有效沟通与联结，有助于培养孩子的复原力和内在力量，且这些力量的作用将持续一生。通过不断塑造开放式大脑，你的孩子会获得圆满充盈的幸福，会形成帮助他们感知自己天赋的内在指南针。这既能让他们保持热情，又能使他们在面对挑战时坚韧不拔。

当孩子具有目标感时，开放式大脑会被进一步强化。而当孩子意识到帮助他人能够带来深层的意义和联结时，他们就会产生目标感。每个

结语
开放式大脑，开放式成功

孩子获得这种意识的方式各不相同。随着不同人生阶段的展开，方式也会改变。这是多好的结合啊，不仅把开放式大脑引入孩子的生活，而且引入他们和他人的互动中。我们希望这本书在你的教养旅程中，也能帮助你形成开放式大脑的力量和内在指南针。享受这个旅程吧！

附录　开放式大脑知识要点

开放式大脑表现

◎ 灵活、好奇、坚忍，愿意尝试新事物，甚至愿意犯错。

◎ 对这个世界、对人际关系有开放的态度，这有助于我们的社会交往，有助于我们理解自己。

◎ 培养内在指南针，走向真正的成功。因为内在指南针能让孩子洞察自己的内心世界，激发整个大脑，充分实现其潜能。

防御式大脑表现

◎ 反应性、恐惧、刻板、封闭，担心犯错。

◎ 只关注外在成就和目标，不重视内在尝试和探索。

◎ 有可能获得荣誉和外在成功，但严格遵守传统，维持现状，变得擅长取悦他人，损害了好奇心和乐趣。

开放式大脑的四大基本特质

　　平衡力：保持情绪平稳，并调节行为和大脑状态的能力，是一种可以习得的能力。

◎ 使人进入绿色区，孩子在绿色区会感到平静，感到对自己的身体和决定有控制力。

◎ 当孩子生气时，他们会偏离绿色区，进入混乱疯狂的红色区或封闭刻板的蓝色区。

◎ 找到"整合平衡点"，父母们就能实现平衡。平衡来自适当的区分和联结。

◎ 开放式大脑策略1：科学睡眠——提供足够的睡眠。

◎ 开放式大脑策略2：心智营养餐——平衡家庭日程表。

复原力：随机应变，足智多谋，使我们能坚强而清醒地战胜挑战

◎ 短期目标：平衡（恢复绿色区）。

　长期目标：复原力（扩展绿色区）。

　两个目标都能使我们从逆境中振作起来。

◎ 行为即沟通，因此不要只想着消除有问题的行为，而应该倾听行为传递的信息，然后培养相应的能力。

◎ 孩子有时需要你推一把，有时需要你拉一把。

◎ 开放式大脑策略3：良好的亲子关系——让孩子感到安全、被关注、被安慰、可靠。

◎ 开放式大脑策略4：培养第七感——告诉孩子如何改变他们的视角，使他们不会成为情绪和情境的"受害者"。

洞察力：能够向内看，理解自己，运用获得的认识，做出明智的决定，更好地掌控生活

◎ 观察者与被观察者：观众在观察球场上的球员。

◎ 暂停的作用在于使我们可以选择如何应对某个情境。

◎ 开放式大脑策略5：重新定义困境——问孩子更倾向于哪种牺牲。

◎ 开放式大脑策略6：避免红火山喷发——教孩子在情绪爆发前暂停。

共情力：能够认识到每个人不仅仅是"我"，还是相互联系的"我们"的一部分

◎ 就像其他技能一样，共情力可以通过日常的互动和体验来培养。

◎ 它涉及理解他人的观点、关心并帮助他人。

◎ 开放式大脑策略7：激活共情雷达——激活社会参与系统。

◎ 开放式大脑策略8：丰富共情语言——提供表达关心的词汇。

◎ 开放式大脑策略9：扩大关心圈——让孩子更多地注意到亲密关系之外的人。

THE YES
BRAIN

致 谢

丹尼尔的致谢

  感谢蒂娜，和你一起写书是人生一大乐事，我想表达对你和斯科特（Scott）的感谢，你、我、斯科特和卡洛琳·韦尔奇（Caroline Welch）组成的四人团队一起构想出写书的想法，并完成细节，这种合作令人非常愉快。

  感谢我儿子亚历克斯和女儿马迪。虽然你们现在已经20多岁了，但我们的关系仍然如此亲密，对此我充满感恩。是你们的好奇心、热情和创造力让我清楚地看到了开放式大脑生活方式的本质。

  感谢我的生活与工作伙伴卡洛琳，我对咱们的关系永远心怀感恩。我们的关系是开放式大脑性质的合作，在终身成长的过程中，它不断激励和支持我。就像爱尔兰人所说，在一起那么开心真的太棒了！

  如果没有第七感研究所团队的支持、奉献和才

THE YES BRAIN
如何让孩子自觉又主动

智，就不会有这本书。我们的团队成员包括迪娜·马戈-林（Deena Margo-lin）、杰西卡·德雷尔（Jessica Dreyer）、安德鲁·舒尔曼（Andrew Schulman）、普里西拉·维加（Priscilla Vega）和凯拉·纽科默（Kayla Newcomer）。感谢你们，你们每个人的付出都是这本书重要的一部分。我们一起努力将跨学科的人际神经生物学转化为实际应用，改善第七感的要素——洞察、共情和整合，这有助于构建内心世界和人际交往中幸福感的基础。

感谢我的妈妈苏·西格尔（Sue Siegel），她的智慧、幽默和坚韧不拔一直激励着我们，培养了我的开放式大脑的处世方式。感谢我的岳母贝蒂·韦尔奇（Bette Welch），感谢你把如此坚强、充满活力的女儿带到这个世界，她为孩子、为我、为第七感研究所提供了无尽的愿景和支持。

蒂娜的致谢

感谢丹尼尔，我很荣幸能和你一起完成这本书。你是我敬爱的老师、同事和朋友。感恩与你、斯科特和卡罗琳共度的时间，我珍视你们的友情，就像珍视我们有趣、有意义且有效的专业合作关系。

感谢本、卢克和JP，你们独特的心灵、思想、幽默感、热情和活力给爸爸和我，以及这个世界带来了很多快乐。你们的开放式大脑具有感染力，即使在生活遇到困难时，你们依然能让我快乐起来，促使我对这个世界说"是"。你们让我更爱这个世界了。

感谢斯科特，你拥有平衡的生活，有复原力，富于洞察和共情。我相信我们的儿子都会成为好爸爸，因为他们有你做榜样。感谢你对我们

致谢

强烈的爱,感谢我们之间不断加深的伙伴关系。谢谢你为我、为这本书、为我们的合作所付出的一切。

感谢连接中心(The Center for Connection)团队,由衷地感谢你们,在面对各种各样复杂的家庭情况、我们共同努力帮助这些家庭的过程中,你们教导并鼓舞了我。团队成员包括安娜丽莎·科尔代(Annalise Kordell)、阿什利·泰勒(Ashley Taylor)、阿莉·鲍恩·施里纳(Allie Bowne Schriner)、安德鲁·菲利普斯(Andrew Phillips)、艾拉·道恩(Ayla Dawn)、克里斯蒂娜·特里亚诺(Christine Triano)、克莱尔·佩恩(Claire Penn)、德博拉·巴克沃尔特(Deborah Buckwalter)、德布拉·霍里(Debra Hori)、埃丝特·尚(Esther Chan)、弗朗西斯科·查维斯(Francisco Chaves)、乔吉·维森-文森特(Georgie Wisen-Vincent)、雅内尔·乌姆弗雷斯(Janel Umfress)、珍妮弗·希姆·洛韦尔斯(Jennifer Shim Lovers)、约翰尼·汤普森(Johny Thompson)、贾斯汀·韦林-克兰(Justin Waring-Crane)、卡拉·卡多萨(Karla Cardoza)、梅拉妮·道森(Melanie Dosen)、奥利维亚·马丁内斯-豪格(Olivia Martinez-Hauge)、罗宾·舒尔茨(Robyn Schultz)、塔米·米勒德(Tami Millard)和蒂法妮·黄(Tiffanie Hoang),最后特别感谢杰米·查维斯(Jamie Chaves)教给我感觉加工和它在调节神经系统中发挥的重要作用。

感谢志同道合的同事们,他们帮助我获得了我自己的成长,他们运用聪明才智、幽默和热情帮助了很多家庭,改变了人们对孩子的一些认识,这些同事是莫娜·德拉霍克(Mona Delahooke)、康妮·利拉斯(Connie Lillas)、珍妮丝·特恩布尔(Janiece Turnbull)、沙伦·李(Sharon

Lee）以及研究所的米歇尔·金德（Michelle Kinder）、希瑟·布赖恩特（Heather Bryant）、桑迪·诺布尔斯（Sandy Nobles）和莫琳·费尔南德斯（Maureen Fernandez）。

感谢我的家人们，蒂伦·布克沃特（Galen Buckwalter）、朱迪·拉姆齐（Judy Ramsey）、比尔·拉姆齐（Bill Ramsey）和杰伊·布赖森（Jay Bryson），你们一直给予我爱和支持，为我加油喝彩。感谢我的母亲德博拉·布克沃特（Deborah Buckwalter）为我示范了开放式大脑的生活意味着什么。我珍藏着对爸爸加里·佩恩（Gary Payne）的记忆，他一直对我有深远的影响。

丹尼尔和蒂娜的致谢

我们要感谢我们的经纪人道格·艾布拉姆斯（Doug Abrams），他坚定地支持我们，为我们尝试自己的想法并把它们出版成书创造了空间。他对我们的创作充满了热情，在出版这本书的过程中他成了我们的好朋友。

玛尼·科克伦（Marnie Cochran）是一位富有见地的编辑。在我们的写作过程中，从想法到文字，她一直给予我们支持，和我们一起努力以最好的形式呈现这本书。感谢她鼓励我们，和我们一起工作，对这本书充满热情。非常感谢！

我们还特别感谢梅里利斯·科迪亚德（Merrilee Liddiard），她的才华和艺术感受性帮助我们以更丰富、更充实的方式呈现了《全脑教养法》《去情绪化管教》和现在这本《如何让孩子自觉又主动》，这是纯文字无法做到的。感谢英语教授斯科特·布赖森（Scott Bryson）慷慨地给我们

致谢

分享他的专业技能。感谢克里斯汀·特里亚诺（Christine Triano）、莉斯·奥尔森（Liz Olson）和迈克尔·汤普森（Michael Thompson）的支持和对早期手稿的反馈。

最后，还要感谢信任我们，来找我们咨询和参加我们的教育工作坊的父母、他们的孩子和青少年朋友们。感谢你们有勇气来了解我们为什么会经常陷入防御式大脑的状态，以及我们如何通过努力和引导获得开放式大脑的自由。要不是因为我们有幸能在通往坚忍和幸福的道路上陪伴你们，这本书就不会诞生。

THE YES BRAIN

译者后记

大格局的儿童发展观

这本书让我联想到了劳伦斯·科尔伯特（Lawrence Kohlberg）的道德发展理论。科尔伯特提出道德发展分为三个水平和六个阶段。具体细节就不在这里赘述了，感兴趣的读者可以找相关资料阅读。大致的意思是，孩子一开始遵守社会规则和道德准则是为了避免受惩罚或其他不好的后果，后来发展为"你对我好，我也对你好"的工具性阶段。接着，孩子会为了做个"好孩子"而取悦他人，为得到称赞而做出善意、有道德的行为。然后，孩子会认识到要尊重权威、遵守法则，这样才能维持社会安宁。最后，人们会对道德价值和道德原则形成自己的解释，判断是非不再受外界的法律和规则的限制。好的行为是自我选择的结果，也就是凭良心做事。而有些人终身都达不到最后这个阶段。

科尔伯格从道德的角度谈儿童发展，而本书作者探讨的是全方位的发展，而且着重探讨的是最后一个阶段——开放式大脑的阶段，即孩子形成了内在指南针，清楚自己是谁，自己想要什么，自己想成为什么样的人，用内在指南针引导他们去做重要决定。这样的孩子具有内在的发展动力，不会受外在的成功标准的左右。他们对自己有深入的洞察，在不丧失自我的前提下关怀他人，关怀这个世界。他们能很好地调节自己的情绪，保持平衡的状态，不会沦为情绪和环境的傀儡。在内在指南针的指引下，他们对自己的目标有坚定的信念，在遇到困难时，会坚韧不拔地克服困难。他们对他人、对周围事物、对这个世界具有开放、接纳的态度，勇于探索，不怕犯错。这也可以和科尔伯格道德发展的最后一个阶段进行类比。人之所以会顽固、刻板、抗拒、害怕犯错，是因为我们墨守既有的规则和标准，没有形成自己的解释，即没有内化，就像没有内化道德准则而一味尊重权威和规则一样。同样地，一些人终身没有发展到开放式大脑的阶段。

　　这是一种大格局的儿童发展观，父母应该认识到它在根本上的重要性，从而帮助孩子培养开放式大脑。当然，如果父母本身的开放式大脑还不完善，可以借此机会和孩子共同发展。养育孩子的过程就是自我修行的旅程。最后，感谢冯征、王璐、赵丹、徐晓娜、卫学智、张宝君、郑悠然和王彩霞在本书的翻译过程中给予我的帮助和支持。

未来，属于终身学习者

我们正在亲历前所未有的变革——互联网改变了信息传递的方式，指数级技术快速发展并颠覆商业世界，人工智能正在侵占越来越多的人类领地。

面对这些变化，我们需要问自己：未来需要什么样的人才？

答案是，成为终身学习者。终身学习意味着具备全面的知识结构、强大的逻辑思考能力和敏锐的感知力。这是一套能够在不断变化中随时重建、更新认知体系的能力。阅读，无疑是帮助我们整合这些能力的最佳途径。

在充满不确定性的时代，答案并不总是简单地出现在书本之中。"读万卷书"不仅要亲自阅读、广泛阅读，也需要我们深入探索好书的内部世界，让知识不再局限于书本之中。

湛庐阅读 App: 与最聪明的人共同进化

我们现在推出全新的湛庐阅读 App，它将成为您在书本之外，践行终身学习的场所。

- 不用考虑"读什么"。这里汇集了湛庐所有纸质书、电子书、有声书和各种阅读服务。
- 可以学习"怎么读"。我们提供包括课程、精读班和讲书在内的全方位阅读解决方案。
- 谁来领读？您能最先了解到作者、译者、专家等大咖的前沿洞见，他们是高质量思想的源泉。
- 与谁共读？您将加入优秀的读者和终身学习者的行列，他们对阅读和学习具有持久的热情和源源不断的动力。

在湛庐阅读 App 首页，编辑为您精选了经典书目和优质音视频内容，每天早、中、晚更新，满足您不间断的阅读需求。

【特别专题】【主题书单】【人物特写】等原创专栏，提供专业、深度的解读和选书参考，回应社会议题，是您了解湛庐近千位重要作者思想的独家渠道。

在每本图书的详情页，您将通过深度导读栏目【专家视点】【深度访谈】和【书评】读懂、读透一本好书。

通过这个不设限的学习平台，您在任何时间、任何地点都能获得有价值的思想，并通过阅读实现终身学习。我们邀您共建一个与最聪明的人共同进化的社区，使其成为先进思想交汇的聚集地，这正是我们的使命和价值所在。

CHEERS

湛庐阅读 App
使用指南

读什么
- 纸质书
- 电子书
- 有声书

怎么读
- 课程
- 精读班
- 讲书
- 测一测
- 参考文献
- 图片资料

与谁共读
- 主题书单
- 特别专题
- 人物特写
- 日更专栏
- 编辑推荐

谁来领读
- 专家视点
- 深度访谈
- 书评
- 精彩视频

HERE COMES EVERYBODY

下载湛庐阅读 App
一站获取阅读服务

THE YES BRAIN : HOW TO CULTIVATE COURAGE, CURIOSITY, AND RESILIENCE IN YOUR CHILD by Daniel J. Siegel, M.D., and Tina Payne Bryson, Ph.D.

Copyright © 2018 by Mind Your Brain, Inc., and Tina Payne Bryson, Inc. All rights reserved.

This translation published by arrangement with Ballantine Books, an imprint of Random House, a division of Penguin Random House LLC.

本书中文简体字版经授权在中华人民共和国境内独家出版发行。未经出版者书面许可，不得以任何方式抄袭、复制或节录本书中的任何部分。

版权所有，侵权必究。

图书在版编目（CIP）数据

如何让孩子自觉又主动 /（美）丹尼尔·西格尔(Daniel J. Siegel),（美）蒂娜·佩恩·布赖森(Tina Payne Bryson) 著；黄珏苹译. -- 杭州：浙江教育出版社，2020.7（2023.9重印）
ISBN 978-7-5722-0378-7

Ⅰ. ①如… Ⅱ. ①丹… ②蒂… ③黄… Ⅲ. ①儿童心理学②儿童教育－家庭教育 Ⅳ. ①B844.1②G78

中国版本图书馆CIP数据核字(2020)第108540号

浙江省版权局
著作权合同登记号
图字：11-2020-095号

上架指导：家庭教育

版权所有，侵权必究
本书法律顾问　北京市盈科律师事务所　崔爽律师

如何让孩子自觉又主动
RUHE RANG HAIZI ZIJUE YOU ZHUDONG
［美］丹尼尔·西格尔（Daniel J. Siegel）　蒂娜·佩恩·布赖森（Tina Payne Bryson）　著
黄珏苹　译

责任编辑：刘晋苏
美术编辑：韩　波
责任校对：李　剑
责任印务：陈　沁
封面设计：ablackcover.com

出版发行	浙江教育出版社（杭州市天目山路40号）
印　　刷	石家庄继文印刷有限公司
开　　本	710mm×965mm 1/16　　插　页：2
印　　张	13.75　　字　数：185千字
版　　次	2020年7月第1版　　印　次：2023年9月第7次印刷
书　　号	ISBN 978-7-5722-0378-7　　定　价：89.90元

如发现印装质量问题，影响阅读，请致电 010-56676359 联系调换。